泸溪椪柑于 2018 年 7 月 30 日
获得国家知识产权局（第二七七号）
批准为地理标志保护产品

2018 年 8 月 6 日国家知识产权局官网公布

一、泸溪柑橘部分品牌证件与部分获奖证书

U0246542

湖南省泸溪县椪柑有限公司

中国果品行业质量可信服务满意单位

ZHONGGUO GUOPIN HANGYE ZHILIANGKEXIN FUWUMANYI DANWEI

中国优质果品基地暨果品产业先进典型评选组委会
二〇〇六年十一月十九日·北京

二〇〇六年湘西椪柑优质评比

金 奖

湖 南 省 农 业 厅
湘 西 自 治 州 人 民 政 府
二〇〇六年十二月十二日

湖南名牌农产品证书

度证号：2002007 号

经湖南省名牌农产品评审委员会评审通过，该产品被评为二〇〇二
度湖南名牌农产品。

产品名称：泸溪椪柑   注册商标：九溪
生产企业：泸溪县椪柑有限公司

湖南省名牌农产品评审委员会
2003年 3 月 5 日

湖南省著名商标
HUNAN FAMOUS TRADEMARK

（有效期三年）
(Term Of Validity: Three Years)

湖南省工商行政管理局
HUNAN PROVINCIAL ADMINISTRATION FOR INDUSTRY AND COMMERCE

二〇一一年

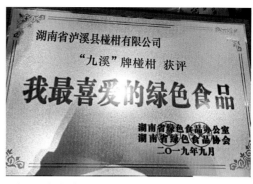

泸溪县椪柑有限公司入选我最喜爱的绿色食品

泸溪县椪柑有限公司入选"最美绿色食品企业"

2016 年 12 月"泸溪椪柑"在湘西土家族苗族自治州人民政府主办的第五届柑橘品质擂台大赛中获"破记录奖",泸溪县人民政府副县长向湖南(右一)与泸溪县柑橘研究所联合党支部书记杨晓凤(右三)在台上领奖

2020 年 3 月湖南省委书记杜家毫（左二）调研泸溪柑橘紫薇农业科技有限公司设施大棚柑橘容器育苗

2013 年 8 月 6 日湖南省副省长张硕辅（右二）与湘西土家族苗族自治州委书记叶红专（右四）调研指导泸溪柑橘品改及了解泸溪柑橘受旱灾情

1992 年湖南省委副书记杨正午（左二）在泸溪柑橘育苗基地考察调研

2013 年 5 月邓秀新院士（右一）在考察泸溪柑橘

2013 年 6 月 29 日湘西土家族苗族自治州委书记叶红专（右一）与副州长周云（左二）调研指导泸溪椪柑品改工作

2020 年 11 月 22 日湖南省人大常委会副主任、湘西土家族苗族自治州委书记叶红专（左一）与泸溪县委副书记、县长向恒林（左二）调研泸溪柑橘，并指出，要继续抓好泸溪柑橘的培管与品改，做大、做强、做精峒河沿岸的柑橘产业

2020 年 11 月 26 日湘西土家族苗族自治州委副书记、州长龙晓华（右一）与州政府秘书长包太洋（左一）调研泸溪柑橘，龙晓华指出，要加大泸溪椪柑的营销力度，采取灵活多样的方式抓营销，各级各部门要为果农、果商服务

2018 年 11 月湘西土家族苗族自治州委副书记、州长龙晓华调研泸溪柑橘产业的发展

2008 年 12 月湘西土家族苗族自治州政协主席李德清(右三)与泸溪县委书记董清云(左一)、泸溪县县长刘时进(右二)在泸溪调研柑橘产业发展情况

2017 年 6 月湘西土家族苗族自治州委副书记、州长龙晓华(右二)与泸溪县委书记杜晓勇(右一)、泸溪县委副书记、县长向恒林(右三)在泸溪柑橘产业园调研泸溪柑橘生产科研情况

2013 年 12 月湖南省农业厅分管经济作物副厅长兰定国(右一)在泸溪考察柑橘产业

2013 年湖南省财政厅副厅长欧阳煌(右一)与泸溪县委书记杜晓勇(左一)调研泸溪柑橘产业

2015 年 12 月湖南省农业委员会副主任黄其萍(左一)听取泸溪柑橘产业汇报

2014 年 4 月 1 日湘西土家族苗族自治州委副秘书长张国祥（左一）调研泸溪柑橘产业扶贫

2020 年 3 月湘西土家族苗族自治州农业农村局局长田科虎（左一）与湘西土家族苗族自治州柑橘研究所所长、研究员彭际森（右一）在泸溪指导柑橘生产

2020 年 11 月泸溪县委副书记、县长向恒林（左二）与县农业农村局局长唐保山（左一）调研柑橘引进杂柑品种春香结果情况

2018 年 11 月泸溪县分管农业副县长向湖南调研泸溪柑橘结果情况

2020 年 10 月泸溪县委副书记、县长向恒林（右三）调研泸溪柑橘大棚育苗

2020 年 7 月泸溪县农业农村局局长唐保山（右一）橘园授课

　　湘西土家族苗族自治州农业农村局乡村产业发展科科长严华（1，主席台右三）到泸溪县柑橘产业集群项目骨干技术人员培训班开班现场进行指导，泸溪县农业农村局局长唐保山（2）做动员报告，泸溪县农业农村局副局长田茂林（3）在培训班上对柑橘产业集群项目进行解读，湘西土家族苗族自治州柑橘研究所所长、研究员彭际淼（4）在培训班上授课

泸溪县农业农村局柑橘专家在泸溪县柑橘产业集群项目骨干技术人员培训班上授课
1. 李德金（主席台）　2. 杨晓凤　3. 张大东　4. 董卫国　5. 周海生

享受国务院政府特殊津贴专家、被誉为泸溪椪柑之父的杨胜陶专家在给柑橘树进行高接（1988 年）

1998 年 5 月西班牙果树专家、生物学家詹姆斯（左二）在泸溪考察柑橘，称泸溪椪柑为远东柑橘之王

20 世纪 80—90 年代泸溪县柑橘人的科研与试验

泸溪县柑橘研究所技术人员在柑橘园做地膜覆盖试验，与检查柑橘品改成活率，观察内含物等

泸溪县农业农村局柑橘专家指导泸溪柑橘品改重植技术，展示品改成果

三、泸溪柑橘生产情况

早蜜椪柑

泸溪辛女椪柑

泸溪椪柑 8306

泸溪脐橙

2012 年泸溪柑橘成熟果色

2013 年泸溪椪柑着色状

2013 年泸溪柑橘均匀结果分布

50 年生浦市甜橙

2019 年泸溪血橙结果状

2011 年泸溪椪柑
包装样品

2007 年泸溪柑橘外
销包装样品

2007 年泸溪柑橘新开橘园

2009 年泸溪柑橘产业基地

2020 年 6 月柑橘专家在泸溪柑橘育苗基地进行田间技术指导

2018 年冬泸溪柑橘尚未下树，遭受了突如其来的大雪，图为雪中橘美得心痛

　　主编，杨晓凤，苗族，湖南省泸溪县人，1964年11月出生，高级农艺师，湖南省财政厅聘请的湖南省政府采购评审专家库专家。现任泸溪县柑橘研究所联合党支部书记，中国柑橘学会会员，湖南省作家协会会员，兼任泸溪县文联副主席，泸溪县作协副主席。长期从事柑橘科研与技术推广工作，科研成果获湖南省农业丰收计划一等奖、二等奖，湖南省科学技术进步二等奖，湖南省农业科学院科学技术进步一等奖，湘西州科学技术进步二等奖等多项奖；发表学术论文、柑橘产业宣传文章和文学作品等共200余篇，诗集1部，文学创作多次在省、州获奖。中国共产党泸溪县第九次、第十一次代表大会代表，泸溪县第十五届人大代表，连续多年受到泸溪县人民政府嘉奖。

泸溪柑橘

杨晓凤 主编

中国农业出版社
北 京

《泸溪柑橘》

顾　　问	唐建初	龚明汉	黄其萍	杜晓勇	包太洋
	向恒林	田科虎	刘世树	朱立新	向梦华
	向湖南	唐保山			
主　　编	杨晓凤				
执行主编	王琦瑢				
副 主 编	张国祥	李德金	张大东	杨爱国	刘支宽
	杨雪华	陈　坤	陈怀民	周海生	赵　杨
	董卫国	谭善生			
编委成员	彭际森	田茂林	易　强	石　健	李焱华
	陈世化	李兴明	向冬妹	杨七生	邓云军
	杨伟军	周建军	郭元武	杨辉文	阳　灿
	梁刚金	钟有诚	符兴铁	石　军	袁　波
	吴勇生	王　芳	谭育莲	高芙蓉	石泽平
	王发军	杨剑波	谭永龙	杨秀兵	姚祖兴
	李成勇	覃美燕	刘弟兴	刘春凤	向民长

前言

Foreword

泸溪县位于湖南省西部，是湘西土家族苗族自治州的"南大门"，319 国道和常吉高速公路穿境而过，是国家重点能源工程五强溪水电站的淹没区和国家级贫困县，全县辖 11 个乡镇，147 个村（社区），总面积 1 565 千米²，总人口 31.7 万人，其中农业人口 25.92 万人。泸溪县委县政府紧紧围绕"产业富民"的理念，面临市场挑战，不断调整产业战略，以"稳面积、创品牌、优品质、强市场、增效益"为轴线，狠抓柑橘产业提质增效、鲜果销售、果品加工等，取得了显著成效。截至 2020 年 12 月，泸溪柑橘全县总发展面积 21.53 万亩*，柑橘年产量 12.28 万吨，产值预计 2.7 亿元，根据泸溪县农业农村局发展生产办公室从各乡镇提供资料统计，泸溪县参与柑橘产业发展的贫困人口达 13 279 人，在龙头企业、农民合作组织等新型经营主体的带动下，贫困户充分与新型经营主体缔结了以劳务用工、股份合作、技术服务、委托帮扶等形式的利益联结机制，相互抱团发展，成功实现了高质量脱贫。泸溪全县农业总人口中有 4 万余户农民通过柑橘种植实现了脱贫致富奔

---

* 亩为非法定计量单位，15 亩＝1 公顷，下同。——编者注。

小康，泸溪柑橘产业成为支撑县域农业经济的一张名片，一面旗帜。

一、与大市场对接产业逐步实现规模化

按照"布局区域化、生产标准化、营销市场化"的管理模式，坚持"统一规划、多方筹资、统一开发、统一供苗和分户管理"的原则，做到规模开发、全面推进，与乡村振兴、生态文明建设相结合，与水土保持、美化环境相结合，与品牌创优、提高效益相结合，集中连片开发，着力夯实产业实力。建成绿色食品生产基地5万亩，无公害食品生产基地10万亩，已建成2万亩以上柑橘基地乡镇8个，1万亩以上的规模乡镇3个，1 000亩以上的规模村85个，50亩以上的柑橘大户达500户。

二、与现代农业对接生产面向标准化

"产业要发展，质量是关键"。泸溪县积极推行标准化生产，努力提升产业质量。严格各个环节的标准，从种苗培育高标准—建园高标准—管理高质量—双减一增的无公害科技手段—病虫害绿色防控—按照品种的生物学特性进行管理，每一个生产环节都用严格的技术标准制约，在峒河沿岸建立了万亩优质柑橘示范基地。按照柑橘标准化生产要求，建立健全柑橘园管理制度、农药化肥使用管理制度、疫情检测与防治制度，果农培训常态化等各项制度。确保每年橘农在中耕施肥、控梢抹芽、防病治虫、采果收果、分级包装和检疫检测等技术环节中得到科技支撑，技术保障。泸溪县农业农村局免费为橘农发放《柑橘无公害标准化生产实施方案》和《柑橘标准化生产技术手册》等技术资料，泸溪县柑橘研究所科技人员不断

为泸溪柑橘栽培技术注入科技含量，泸溪柑橘的品质得到不断提高。

三、与大平台大数据对接管理逐步科学化

泸溪柑橘产业化建设，围绕市场做功课，以增效、增收和市场竞争力为打靶 10 分圈，坚持以科技为先导，以市场需求为坐标，不断拓展产业链，提升泸溪从事柑橘产业橘农组织化程度，充分发挥龙头企业、柑橘专业合作社、协会，联结橘农、政府、市场的桥梁和纽带作用。大力发展农业产业化经营组织，发展生产、加工、销售的龙头公司、柑橘专业合作社、家庭农场等。推行"公司＋合作社（协会）＋农户""龙头企业＋合作社（协会）＋农户"等模式，实行以经济利益为纽带、产业环节为链条的利益共享、风险同担、责权明确、互惠互利、同频共振、互促共赢的经营管理机制。

泸溪柑橘产业，是历届县委县政府高度重视的产业，是财政金融不断扶持的产业，通过各种资金扶持渠道，对泸溪柑橘产业各个环节加强管理，从基地建设、龙头企业培育、科学技术投入、防灾技术推广、技术服务机制完善、灾害气象预报预警，科学防灾长效机制建立、符合县情的保险制度跟进等方面加强机制健全，制度完善，管理更加科学化，不断提高组织管理科学化程度，增强抵御市场风险的能力，从根本上帮助柑橘产业从业者，在不可抵御的灾害面前，损失能够降到最低，不断激活柑橘从业者的内生动力，促使产品质量不断升级，市场竞争力不断增强。

泸溪柑橘产业，溯源历史，栽培悠久而有故事，面对现在，泸

溪柑橘在扶贫攻坚，脱贫致富中成就斐然，展望未来，泸溪柑橘在湘西土家族苗族自治州委州政府的引领下，在泸溪县委县政府的高度重视下，有泸溪柑橘人的坚守和热爱，泸溪柑橘产业将建设成为湖南省柑橘类水果产业的新高地。

编　者

2020 年 12 月

目 录

Contents

目　录

第一章
泸溪柑橘发展概况

泸溪柑橘，栽培历史悠久，可以溯源到春秋战国时期。根据入围"2017全国十大考古新发现"之一的"湖南泸溪下湾遗址"和湖南省"十三五"十大考古之一的"泸溪下湾遗址"新发现，该遗址位于沅水中游泸溪县浦市镇北郊沅水左岸一处低矮台地上，现存面积3万米²，出土了贝丘及大量动物遗存，不仅反映了远古时期武陵山地人类特殊的生存环境与生态经济，更因一批极具价值的遗迹、遗物而使其光芒万丈，考古意义更加深远。该遗址中的宗教遗存，出土的一批玉器，不仅年代早，其质地、形态及工艺特点显示，说明在距今约6 500年前，中国南方不仅存在远距离的物资交流，也存在观念交流。以此推论泸溪浦市地处湖南四大水系之一的沅水中游，在水运黄金时期泸溪浦市充当了商贸的重要集散地。据民间有"先有浦市甜橙，后有浦市繁荣"的说法，浦市居民世代口传至今，2 000多年以前浦市下湾周边一带是大片的浦市甜橙。据民间传说，屈原流放期间，当时泸溪浦市水运黄金码头非常鼎盛，屈原曾在浦市驻足很长一段时间，《橘颂》写的是泸溪流域沅江两岸浦市甜橙的内质与外美，浦市甜橙是《橘颂》的参照物，泸溪浦市是《橘颂》的原创地。20世纪90年代泸溪人为了支援国家能源重点工程五强溪水电站建设，整个县城举城搬迁到白沙，新县城所在地曾经是白沙村与屈望村所在地，属于临江而居的渔民小村，山地里种满柑橘，据村民们世代相传屈望村村名的来历，屈望村原名不叫屈望村，屈原流放期间曾驻留过此地很久，后来村民得知屈原投江，村民为了表达对屈原的崇敬之情，将村名更名为屈望村。村名一直沿用到 20 世纪 90 年代，县城迁址到白沙、屈望村后，村民仍然要求保留屈望二字，由屈望村变更为屈望社区。在白沙新城修建有纪念屈原的主题建筑，并以屈原《楚辞九章》中的《涉江》取名涉江楼，与涉江楼隔江相望建有《橘颂》塔，以屈原《楚辞九章》中的《橘颂》而定名，有以屈原路命名的街道，体现了泸溪这一方山水人们对这一历史的深刻记忆，对屈原的敬重，对柑橘物种的看重。唐代文字记载，诗人王昌龄被贬到龙标（今黔阳）时曾在泸溪送别友人写了一首诗"今夜伤离在五溪，青云藏蓉黔橙薤，武岗前路看明月，片片片帆尽向西"，诗中提到了一个"橙"。清代乾隆十二年（1747 年）修纂《泸溪县志》之物产果部分记载有："栽有柑橘、橙、柚"等，且对柑橘类的果形及食用价值也做了比较详细的叙述。这些记载反映当时泸溪浦市地区栽培柑橘的盛行。据民间传说，乾隆到过浦市，完全是微服私访，绝没有惊动地方官员，深入到民间小巷、农家小院，曾落脚一户中等富有人家，当时这家人正在修造扩建新居。这家主人不仅会经营生意，而且有一定的文化修养，还有一绝活，能够给人看相。正在大家为新居落成，举杯共庆的时候，正好乾隆皇帝路过该院子，主人一眼看出，路过一行人中，其中有一位一定是尊贵的客人，有真龙天子之面相，随即在庆典横幅临场发挥，写上了"紫薇高照"四个字。此时，真有一道金灿灿光环照进宅子，主人看来人气宇非凡，一定要请他们一行几人进家一起喝一杯酒，乾隆及随从也难以推辞主人的热情，坐下来歇了歇脚，主人要他们喝酒，他们谢绝了。这时主人从家里的橘子树上摘下来几十个金灿灿、黄澄澄的浦市甜橙，供客人品尝、乾隆看到橘子形态优美，甜润芳香，一看爱不释手，品了以后更是赞不绝口，清甜味纯，化渣爽口，一定要到他们的柑橘园里看看，看到甜橙树，树形高大，叶绿果黄，一派丰收景象，说是真的感受到了苏轼的"一年好景君须记，正是橙黄橘绿时"的美景。说着要随从掏出银子，购买很多这种浦市甜橙，但分年送去，要送到京城的一个地方。主人高高兴兴地接受了很多银子，也按要求送去的地点，每年送去，久而久之，跑去京城送货的人才知道是紫禁城的太监来提货，原来来人正是乾隆皇帝。浦市因为是当时水津要塞，来进货做生意的人非常之多，这个故事也被人们所传诵。当主人知道来者是乾隆皇帝后，也将此事上报给地方官员，县官一声令下，必须每年用浦市甜橙作为贡品，进贡朝廷。一直延续到后来慈禧太后垂帘听政，每年都要进贡给慈禧太后。人们也把这个宅子称为吉宅，后来人们在这里修了祠堂，每年都有人来到这里供奉，摆在供台上的供品绝不能少一样东西，那就是浦市甜橙。

浦市因为甜橙而出名，因为它的地理位置而富有，因为它辉煌的过去而令人难忘。浦市甜橙不仅味美甜爽，并具退烧的药用功能，很长的历史时期国家缺医少药，老百姓把浦市甜橙窖藏作为退烧备用药。历史的长河滔滔东去，历史的过往在此作为记忆。

新中国成立至今，泸溪的浦市甜橙这一传统产品得到很好保护和发展。1958 年 10 月县里开垦了园艺场，招聘了大量农业工人，以栽种浦市甜橙为业，浦市甜橙（俗称橘红），果形端正美观，果皮橙红，果肉细嫩化渣，汁多籽，风味香甜浓郁，是鲜食的佳品。浦市甜橙以优良的品质、美观的外形，高产稳产耐储运等优点，得到了众多专家、学者认可，在国际市场上享有盛誉，是湖南省过去历次评比中获优的甜橙良种。从浦市甜橙中选育的无核 1 号和更生 3 号，是湘西土家族苗族自治州重点推广品系之一。1976 年在北京召开的全国柑橘良种选育鉴评会上，浦市甜橙被评为全国十大优良品系之一，浦市甜橙编入湖南农业大学园艺系的果树栽培教材。产品大量出口，经香港市场中转至西欧国际市场。1973 年泸溪县园艺场安置了大批上山下乡知识青年，以种植柑橘作为接受贫下中农再教育的重要一课，泸溪柑橘事业为他们在特殊的年代，留下了弥足珍贵的人生阅历和青春经历。为了丰富泸溪柑橘品种结构 70 年代以后泸溪县农业局的柑橘技术人员引进一些外来品种温州蜜柑、南丰蜜橘、脐橙等，在泸溪栽培表现优良，泸溪柑橘在湖南省乃至全国柑橘产区赫赫有名。每年秋天，当你踏上泸溪这片充满希望的热土时，满山遍野挂在树上的柑橘已经着色，绿色的叶，金色的果，相间相衬美如画，摘下果子品尝，甘甜如蜜，沁甜入心。到柑橘园收购的客商与运输车，川流不息，车水马龙。2015年8月4日，中国工程院院士、国家柑橘产业技术体系首席科学家、华中农业大学校长邓秀新一行专程到泸溪县考察柑橘产业，深入到浦市镇的麻溪口村、新堡村、武溪的上堡村等，在实地细致观察调查泸溪的柑橘品种的综合性能，察看新种植柑橘品种的适应性与品质等性能，对泸溪的两个本土地方良种，泸溪椪柑和浦市甜橙给予了很高的评价，现场观察浦市无籽甜橙及七八十年树龄的传统浦市甜橙生长情况后，还专门品尝了农户家中贮藏至翌年5月的浦市甜橙，经过长时间贮藏，果实仍橙红鲜艳、果肉依然香甜多汁，邓秀新十分欣赏，还特别对甜橙树叶、树干、果子进行分类采样，带回华中农业大学做进一步研究分析。在湘西泸溪县考察中，邓秀新说，湘西的柑橘是国内最好的柑橘产业带，泸溪县属于柑橘生产优势区域。

一、团队精神　求真务实

泸溪县农业农村局有一支甘于奉献、潜心柑橘科研与技术推广的团队，以杨胜陶为代表的老一辈柑橘专家曾正汉、肖鹿林、李进杰、杨顺有、侯群、王大佑等老同志，带领年轻一辈专业院校的毕业生以杨晓凤为代表的先后有杨光好、田绍顺、李绍武、戴安、李德金、宋先杰、李先跃、吴三林、符自德、杨爱国、杨官海、杨水芝、周海生、杨长益、刘支宽、陈怀民、陈坤、谭善生、张大东、郭元武、谭永龙、罗海波、杨辉文、李建兵、谭育莲、龙军、杨秀珍、李建、张桂生、杨云梅、罗立华、刘峰、李兴明、周建军、梁刚金、石清水、李绍清、杨伟军、杨松竹、谭世贤、刘群连、邓发君、杨华、杨杰、向冬妹等一批又一批泸溪柑橘人，有年龄到时的退休，有工作需要的调出调入，不断接过柑橘事业的接力棒克服重重困难，奋斗在田间地头"三农"第一线，为振兴泸溪柑橘产业鞠躬尽瘁，无怨无悔，泸溪柑橘科技人员经历了一条漫漫的求索之路。1974年泸溪县柑橘总产量达567.95吨，其中浦市甜橙（又名橘红）400.9吨，泸溪的浦市甜橙在全国柑橘产业行业中享有很高的声誉。天有不测风云。1976 年的冬季奇寒，1977 年 1 月 16 日，泸溪县遭受了空前的持续低温 20 余天，并伴冰冻天气，最低的温度低至零下 12.3℃，属于泸溪历史气温最低之冬。泸溪县柑橘树基本冻死，柑橘产业面临毁灭与阵痛。1978 年 11 月 12 日，泸溪县委县政府决定建立经济作物基地，在浦市、浦阳、长坪三地建立柑橘基地，种植柑橘 15 万株。1983 年泸溪县成立了柑橘技术推广站，专业从事柑橘的技术推广、试验示范、课题研究，对冻后存留的柑橘树，进行生物学特性观察研究，在泸溪县展开柑橘品种普查，在柑橘成熟的季节，连年进行单株筛选，从果皮厚度到种子粒数，可溶性固形物等 10 多项指标进行单株检测。泸溪县的各个柑橘园，每个柑橘品种进行同类的采样和数据分析比较，从中分辨出优劣，观察坐果率，满株花一朵朵地数，然后观察它的落花落果比率，得出坐果率。重复的轮回比较，优中选优。经过 3 年的普选，1983 年从洗溪镇能滩村办柑橘场的 74 株柑橘树里发现了两株品质特别优良的柑橘树，可溶性固形物达 15％以上，果实外观扁圆，果皮富有天然蜡质层非常有光泽，外形美观，内质优异，甜脆爽口，淡淡清香，皮薄化渣，超越了当时市场可供应的所有柑橘同类，这是自然界优胜劣汰的自然单株变异，两株脱颖而出的单株编号是 8304、8306，以原始编号作为单株命名，进行选育和培育。为了进一步摸清 8304、8306 优良单株的生物学特性，20 世纪 50 年代华中农业大学毕业的高才生、担任泸溪县柑橘技术推广站第一任站长的高级农艺师杨胜陶与同志们一道对母本树进行观察记载，对优良的单株，进行嫁接繁育和高接繁育，观察其优良特性的稳定性和连续性，8304、8306 两个单株，1983—1986 年连续 4 年在湖南省品种鉴评会上荣获金奖。8304、8306 优质新株系的问世，得到省内外众多柑橘专家的重视和肯定，经过连续 8 年的观察、选育栽培，摸清了柑橘 8304、8306 的生物学特性，并摸索出相适应的栽培管理措施。为了这一优良的品种资源形成商品生产，造福于民，泸溪县委县政府高度重视，划拨了 10 亩地，筹建了柑橘母本园，对 8304、8306 母本树进行移植，柑橘科技人员，爬山越岭，对泸溪县的土壤气候资源进行摸底。发现峒河流域依山傍水，小区气候温暖湿润，峒河沿岸，零星栽种的柑橘树和 40 多年生的老龄树，1976 年大冻未冻死。得天独厚的气候优势，给泸溪柑橘 8304、8306 两个优良株系品种的发展壮大造就了天时地利。泸溪县委县政府提出了《在峒河流域建立五千亩柑橘基地》，县里抽调农业银行业务骨干、水利专家与县柑橘科技人员联合办公，绘制《泸溪县峒河柑橘基地规划图》《泸溪县峒河柑橘基地可行性论证和资金评估报告》，得到省、州、县等多方认可。1986 年湖南省农业银行批准立项引进外资贴息项目，得到贷款 360 万元。有了资金保证，一场轰轰烈烈的柑橘大发展在泸溪县拉开了序幕。1988 年泸溪县柑橘技术推广站在黑塘村办样板做示范，流转成片荒山 120 亩，柑橘技术推广站出资金、出技术，农户联合体出劳动力，进行高标准建园栽培管理，亩产达 2 500 千克，当时的大统货包销每千克 2.2 元，且供不应求，柑橘联合体的年柑橘收入在 10 万元以上。联合体柑橘产业致富在湖南省湘西土家族苗族自治州泸溪县，乃至邻省周边县起到很好的示范推广作用。榜样的力量是无穷的，样板的作用是无声的。1990—2000 年泸溪县利用世行贷款、农业项目贷款、扶贫开发资金等多条资金渠道，实行坡改梯、开沟撩壕压绿，大力发展柑橘产业，到 2000 年泸溪县柑橘种植面积达 20 万亩。柑橘产业经济效益的不断突显，给周边县、市及邻省起到了产业致富的引领作用。吉首、保靖、永顺、张家界、娄底等省内县市，贵州的丛江、玉屏，广西的龙胜等外省外县，纷纷到泸溪引种调运柑橘苗木，泸溪县柑橘技术推广站连续 10 余年繁育的柑橘优质苗木总计近 800 万株。泸溪椪柑在南方水果中像一颗璀璨的明珠，在湖南乃至邻省成长为"水果明星""柑橘之王"。

经过了 8 年的优中选优，筛选出 8304、8306 优良株系的嫁接后代群体，各种优良性状更加凸显，1990 年获得湖南省农业厅科技进步奖二等奖，同年获得湖南省科委"七五"重点科技攻关优质柑橘新品种取得优异成绩的先进单位，杨胜陶被评为湖南省科学技术委员会先进个人，1991 年杨胜陶因在泸溪柑橘技术推广与科研工作中的突出业绩，成为享受国务院政府特殊津贴专家，是湘西唯一农业专家。

1996 年泸溪县农业局成立了泸溪县椪柑有限公司、与柑橘技术推广站，两块牌子，一套人马，把科研、技术推广与开拓市场产品营销有机地结合起来。1996—1997 年泸溪县柑橘技术推广站承担了湖南省农业厅《泸溪县柑橘 3 万亩优质高产栽培技术推广》项目，科学推广优良株系 8306 和 8304，科学配方施肥，推广柑橘专用复混肥，合理修剪，培养矮干多分枝的丰产树形，推广疏花疏果技术，病虫害综合防控，推广产后商品化处理，提高产品经济价值等技术。项目的实施有力地促进了泸溪县柑橘产业的发展，该项目 1998 年 12 月获得湖南省农业丰收计划奖一等奖。

2002—2003 年，由湖南省农业科学院科技情报研究所牵头，在泸溪县和吉首市实施了湖南省农业丰收计划项目《湘西 20 万亩柑橘提高商品质量高效示范工程》，湘西土家族苗族自治州 20 万亩柑橘提高商品质量高效示范工程，其中泸溪县 12 万亩，吉首市 8 万亩，泸溪县柑橘技术团队独立完成了泸溪县的 12 万亩的技术推广与科学培育的工作，项目 2004 年 6 月获得湖南省农业厅丰收计划奖二等奖。2005—2007 年实施《提高湘西柑橘品质和效益的核心技术研究与示范推广》项目，通过综合配套技术研究和示范推广，推广了"果瓜莓特"、密改稀、高改矮、深耕改土、科学配肥、保花保果及疏花疏果和综合病虫害防治、产后商品化处理等综合配套技术，项目年新增收入 3 200 万元，取得了极好的社会效益与经济效益。2007 年获得了湖南省农业科学院科技进步奖一等奖。2008 年获得湖南省科技进步奖二等奖。2011 年《辛女椪柑选育及配套栽培技术研究与示范推广》获湘西土家族苗族自治州科学技术进步奖二等奖。

二、科技引领　抱团发展

泸溪县从 1986 年开始大规模推广柑橘种植，初期推广"计划密植"栽培模式。一般每亩定植苗木 110～120 株，成年后柑橘树进入盛果期柑橘园郁闭，通风透气性差，病虫危害严重，品质下降。针对这一问题，从 2002 年起实行了"高改矮、密改稀"的技术措施，在武溪镇黑塘村、刘家滩村、上堡村、白羊溪乡毛坪村等柑橘园进行了办点示范。改造后 2 年的柑橘园每亩单产 1 868 千克，比对照园每亩 1 391 千克增产 34.29%，横径 65 毫米以上大果率提高到 70%。这项成果引起泸溪县委县政府的高度重视，到 2010 年先后投入资金 1 500 多万元，改造低产园 7 万多亩，增加产值 4 500 多万元。全省库区移民开发工作会议、全州农村工作会议、全州扶贫开发工作会议纷纷来泸溪县现场参观，2013 年泸溪县承接各种有关柑橘产业会议参观学习培训达 50 余次，得到了与会领导和同行们的高度称赞。2010—2020 年 10 年间，泸溪柑橘产业从发展面积的量提升到质的转变，2010 年泸溪县柑橘研究所通过以土地流转的方式，在移民库区流转村民土地 1 080 余亩，整合资源、产业融合帮助移民兴产业再就业。经过 10 年的基地建设，初具规模，一层层的梯田分区成片，一个个区域各具特色，柑橘品种分成区域，品种应有尽有，有柑橘类、杂柑类、脐橙类、蜜橘类等，号称泸溪柑橘品种的百果园、柑橘品种的博物馆，泸溪柑橘产业成了移民家门口就业、库区贫困移民人口整体脱贫的产业担当。2014 在泸溪县农业局的策划下，财政、扶贫、农业局共同投入 2 000 余万元在潭溪镇下都村开发建设了柑橘万亩核心园区，当地贫困户以柑橘树、土地、帮扶资金等入股合作社，实行统一管理、统一营销的模式，栽培措施得到同步落实，品质产量得到整体提高，产值增加，同时帮助贫困人口手中掌握一种产业的生产技能，提升贫困人口融入产、供、销的市场大连接中，提升他们的自身造血功能。2016 年 11 月 19 日，时任中央政治局委员、国务院副总理汪洋，在州委书记叶红专陪同下来到泸溪县潭溪镇万亩柑橘基地视察。汪洋称赞当地积极创新精准扶贫模式，既帮助了企业发展壮大，又带动了贫困群众加快脱贫，对泸溪走发展柑橘产业，增强果农自身造血功能，从扶贫到脱贫的路子，给予充分肯定。州委书记叶红专指出："潭溪镇下都村椪柑产业发展的产供销模式，可复制可推广"。

三、守住绿色　树立旗帜

泸溪县山清水秀，生态环境十分优越。1999年初，在泸溪县白羊溪乡柑橘基地引用绿色食品技术规程，严格控制农业投入品的使用，特别是农药种类的配备、施药次数、施用浓度、间隔时间等，关键环节技术人员全程严格把关，经过绿色食品检验检测部门对大气、土壤、水和产品抽样检测，各项技术指标全部符合绿色食品的技术指标要求，于1999年11月顺利通过了中国绿色食品发展中心绿色食品认证，泸溪柑橘成为湖南省最早一批，湘西土家族苗族自治州第一个通过绿色食品认证的产品，填补了湘西土家族苗族自治州绿色食品的空白。为了不断壮大这一成果，受益于更多的农户，2003年泸溪柑橘专业技术人员编制了《泸溪县无公害食品管理办法》《无公害柑橘生产技术规程》《无公害柑橘禁用农药及许可使用农药细则》等，在泸溪县柑橘主产区大面积推广与应用，2003年被农业部列为全国无公害水果生产示范基地及中国绿色食品示范基地，被国家质检总局列为农业标准示范基地县。2004年7月通过了农业部农产品质量安全中心无公害食品认证，认证面积10万亩，受益农民近20万人。为此，泸溪县被农业部确定为全国第二批无公害水果（柑橘）生产示范基地县，泸溪柑橘先后10余次荣获湖南省优质水果评比及全国各地的农博会金奖，并被湖南省出入境检验检疫局确定为柑橘出口基地。2005年，仅柑橘一项泸溪县农民新增产值4 000多万元，人均增收200余元。2011年泸溪县农业局和柑橘研究所在武溪镇上堡村流转农户山地，开垦建立1 000余亩现代农业柑橘示范园，集科研、示范、现代农业观光为一体的产业基地，科学管理达到国际水准，每年迎来的参观考察团队达10余次，为泸溪绿色产业放心食品树立了一面旗帜。2017年6月2日湘西土家族苗族自治州委副书记、州长龙晓华，在泸溪县委书记杜晓勇、县长向恒林陪同下，到泸溪调研，走进了泸溪柑橘研究所的柑橘试验示范园，龙晓华州长指出"泸溪柑橘在北京等各大城市享有很高的知名度，名气很大，守住绿色食品这个根本，继续把柑橘这个大产业做强做优，泸溪土壤气候很适宜发展柑橘产业，这么多年在脱贫致富中发挥了很大的作用"；然后龙晓华州长又向着陪同调研的县委书记杜晓勇一行强调一句，"泸溪工业发展得很好，搞好工业的同时，泸溪柑橘产业任何时候都不能丢"。泸溪椪柑由泸溪县农业局申报，2017年11月30日由农业部优质农产品开发服务中心公告（第02号），泸溪椪柑获得农业部2017年度全国名特优新农产品目录［附件3（果品类）序号137］。由中华人民共和国农业部官网公布（网址可查），这算是泸溪柑橘实至名归的一项公众认可的荣誉。2019年9月泸溪县椪柑有限公司"九溪牌椪柑"获评湖南省绿色食品办湖南省绿色食品协会"我最喜欢的绿色食品"。2020年5月湖南省泸溪县椪柑有限公司在中国绿色食品发展中心举办的中国绿色食品三十年——寻找最美绿色食品企业活动中，被推荐入选"最美绿色食品企业"，这是泸溪柑橘产业企业的绿色标签与内在品质得到市场检验结果，也是泸溪柑橘产业企业的至高荣誉。

四、山地机械　尝试创新

2005年至2008年，泸溪县利用机械新开垦柑橘基地10万亩，编写了《泸溪县柑橘机械新开操作要求》，并对机械操作手进行现场培训。技术人员分赴每个乡镇新开垦现场进行技术指导，直到果农掌握操作技术、新开垦耕地符合要求，通过标准化新开垦土地，为建设高标准果园，后续的机械化操作打下了坚实的基础。

五、科学预防　抵御风险

开展泸溪柑橘的冻后栽培管理措施培训，减少果农损失。2008年1月中旬至2月初，我国南方出现了较大强度的低温雨雪天气，致使湖南柑橘主产区泸溪果园遭受了不同程度的冻害。技术人员深入柑橘园，察看灾情，根据农事季节和不同的冻害程度，及时编写了《柑橘冻后培管技术》《2008年受冻柑橘春夏培管要求》等技术资料。广泛开展技术培训，发放技术资料，同时有针对性地对各乡镇受冻严重柑橘园进行现场讲解栽培管理技术，办点带面。通过对受冻柑橘情况调查及采取冻后栽培管理措施，柑橘恢复生产工作取得了较大成效，泸溪县柑橘树势恢复较好，达到保树和保产目的。

六、优中选优　推陈出新

泸溪柑橘在选育中不断成长，泸溪椪柑 8306 优良株系是泸溪县柑橘专家们经过多年努力选育出的柑橘优良株系。在此基础上继续开展优中选优和提纯复壮工作，不断选育，2006 年泸溪椪柑 8306 通过了湖南省农作物品种审定委员会品种登记，登记为辛女椪柑在泸溪县的黑塘村周启良村民的柑橘园中发现了 1 株椪柑果皮是红色，亲本来自泸溪县农业局统一繁育的普通椪柑苗。2001 年 12 月至 2008 年 12 月经过近 8 年的观察，该品种具有树势中等，树冠较直立，结果早、丰产、稳定，果皮红色光滑，减酸较慢，风味浓，品质好，耐储藏，适应性与抗逆性较强等特点，果实 12 月中下旬成熟，适宜在宽皮柑橘产区发展。2009 年通过了湖南省农作物品种审定委员会品种登记，登记名为泸红椪柑，2010 年《泸红椪柑选育及推广》项目获湘西土家族苗族自治州科学技术进步奖三等奖。保护地方良种，开展浦市甜橙选育工作。浦市甜橙是我国20 世纪 70 年代全国十大柑橘优良品种之一。作为湖南省一个优良地方柑橘资源，原产于泸溪县浦市镇，是湖南省柑橘育种协作组看好的一个地方品种。多年来，泸溪县柑橘科技人员对该品种进行提纯复壮，优中选优，确定了几个新的单株，通过观察性状稳定，已在不同区域进行了区试和子代鉴定，品种登记在准备中。2016 年科研团队撰写的论文《浦市甜橙的选育》在国家期刊《南方农业》刊发。科技创新永远在路上，泸溪柑橘科研人员不断进行柑橘新株系选育。配合湘西土家族苗族自治州柑橘研究所，2004 年在泸溪县洗溪镇岩寨村发现 1 株早熟皮薄少籽的辛女柑橘，经过反复筛选和子代鉴定，2012 年通过了湖南省农作物品种审定委员会品种登记，登记名为早蜜椪柑。2014 年《早蜜椪柑选育及示范推广项目》获湘西土家族苗族自治州科技进步奖科学技术贡献奖。引进及推广新品种，丰富泸溪柑橘品种结构。2001—2016 年，泸溪柑橘技术团队不断创新思路，取长补短，引进了新品种 40 余种，经过栽培观察，在泸溪县表现较好的纽荷尔脐橙、大分 4 号、塔罗科血橙、黄金贡柚等多个品种，栽培面积达到 2.0 万亩，取得了良好的经济效益和社会效益。

七、试验示范　品质提升

腐殖酸液肥试验。2006—2007 年连续两年使用"纽翠绿"腐殖酸有机液肥进行多年多点对比试验，果农普遍反映效果较好。试验结果表明腐殖酸有机液肥有效地改善柑橘品质，产量增幅达 7.5%，优质大果率提高 13.5%。2008 年，在泸溪县使用 120 吨液肥，推广柑橘面积 1 万亩，对 2008 年初受冻害柑橘树恢复起到很好的作用。

柑橘园缺硼症状的矫正。山地柑橘园经过多年的生产管理，深翻改土和雨水冲蚀，不能及时补充树体的微量元素，从而导致缺硼、缺锌的现象非常严重。2006—2008 年泸溪县对 350 亩缺硼非常严重的柑橘园进行缺硼矫正试验，经过测产验收，试验园因缺硼引起的落果率在 1.05% 以下，僵果率为零，商品果率达到 90.5%，亩产平均为 1 430 千克，比对照园的 375 千克增产 1 055 千克，增幅为 280%，叶片卷缩现象基本得到了控制。2009 年，在泸溪县柑橘园推广使用柑橘专用硼肥面积达 0.8 万亩。

推广使用柑橘专用肥和有机肥、试验示范柑橘园地面覆盖以及应用延迟采收技术，有效地提高了果品质量。这些综合技术运用所选的柑橘果品在湘西土家族苗族自治州 2012—2018 年连续七届柑橘品质擂台赛上，获得了破纪录奖两次，第一名十样次，泸溪早蜜椪柑的综合样品果可溶性固形物含量达到 16.9%，突破性刷新了纪录。

八、综合防控　果品安全

2000—2004 年，历时 5 年对泸溪柑橘病虫发生特点及防治方法进行调查研究，发现泸溪本土为害柑橘的病虫种类多达 200 余种，其中病害 30 种，虫（螨）害 170 余种，常年发生且有一定为害的病虫 16 种左右。其发生特点：虫（螨）害略重于病害；以红蜘蛛发生面积最大，矢尖蚧次之；峡谷平地重于山地坡地；老龄柑橘园重于幼龄柑橘园；密植柑橘园重于稀植柑橘园。通过普查，查清危害源，采用对症下药，严把种苗关，防止危险性病虫传播，阻止初侵染来源，改善柑橘园生态环境，降低病虫发生程度，突出"高改矮、密改稀、劣改优"改善光照条件，加强肥水管理，增强树势，提高树体对病虫的抵抗力，抹芽放梢，阻断病虫的食物链。推广生草栽培和物理防治，充分保护利用天敌。分类指导，科学用药，建立健全生产档案。2004—2005 年，泸溪县农业局组织了大规模柑橘溃疡病和柑橘大实蝇普查工作，通过走村入户，实地蹲守，摸清泸溪县柑橘溃疡病和柑橘大实蝇的发生分布及危害情况。为合理制定危险性病虫的防治措施，指导泸溪县柑橘产业的发展，提供科学依据。

绿色理念　物理防治，2011 年泸溪柑橘产区率先在湘西引进杀虫灯、黄板进行防治虫害，减少了农药的使用，保证了果品质量安全。针对柑橘大实蝇危害严重、保证果品质量安全，达到绿色防控的目的，从 2013 年开始，利用果瑞特、诱杀球防治大实蝇，取得非常明显的防治效果。

对症下药　一病一治，柑橘砂皮病在泸溪柑橘重点产区峒河沿岸柑橘园危害严重。2015 年开始进行药剂防治试验，通过先试验后推广的方法，减少走弯路，在对的时间用对的防治方法，减少农药的无效使用和多次使用，防治技术成熟后，在柑橘园进行大面积推广，有效地提高柑橘的商品价值，保护了绿色食品的品牌含金量。

九、标准创建　花开泸溪

2009 年泸溪县成为农业部第一批水果（柑橘）标准园创建项目示范县，在武溪镇上堡村至洗溪峒底坪村红山公司、国道沿线连片开展柑橘标准园创建工作。柑橘标准化果园通过"三疏一改""三挂一种"以及高科技含量栽培技术的实施，果园通风透光、树势生长健壮、果皮光滑洁净、产量稳定。平均亩产达 1 850 千克，比上年增产 50 千克；横径 65 毫米以上优质果率在 70％以上，比上年提高了 20％，同级别果实的价格较上年提高了 0.4 元/千克；商品化处理达到 100％，比上年提高了 10％。通过商品化处理，产品价值提升，每吨可增收 650 元，1 073 亩标准果园当年共新增产值 130 万元，经济效益非常可观。同时，通过"三挂一种"技术的实施，果园无病虫危害、生产成本明显降低，最多的果农生产成本每亩减少 230 元，平均节约生产成本在 120 元/亩左右。

十、示范带动　产业富民

2009 年为搞好泸溪柑橘生产培训管理，泸溪县柑橘研究所创建了多个栽培管理核心示范基地。在 319 国道峒河沿线创办了栽培管理示范片万亩，武溪联盟、洗溪甘溪桥、潭溪下都村都在 1 000 亩以上。在潭溪楠木冲创办苗木定植示范片 1 000 亩，在武溪联盟村建立品改示范点和低产园改造示范点。创办的核心示范片给泸溪县柑橘生产培管起到了示范带动作用，也多次成为省、州乃至全国柑橘培训管理现场参观点。

2010 年，在白沙镇刘家滩村建立高标准柑橘生产示范基地 1 100亩；武溪镇黑塘村柑橘培训管理核心示范片 1 000 亩；武溪镇上堡村柑橘低产园改造核心示范片 1 000 亩；潭溪镇柑橘苗木定植核心示范片万亩基地。刘家滩基地采用土地集中流转的形式，组织有关专家教授多次到基地实地察看，认真规划，制订详细规划图。采用高标准建园，采用挖掘机在原有的梯面内侧开挖排水沟，沟宽 40 厘米，沟深 60 厘米，梯面平整。完成高标准苗木定植 5 万株，成活率达 98％。

2011 年在泸溪县武溪镇上堡村创建了柑橘现代标准化生产示范基地，位于武溪镇上堡村 319 国道沿线及峒河两岸，基地以发展现代化、标准化、省力化果园为目标，通过集约项目、集成技术、集中投入，切实提高柑橘现代标准化管理水平，促进泸溪县柑橘产业由数量型向质量型转变，同时通过标准园示范带动作用，全面推进泸溪县柑橘标准化生产，提高柑橘综合生产力和产业竞争力。上堡村基地总面积 2 000 亩，其中核心区 1 000 亩，分四个功能区：一是现代果园标准化栽培示范区（栽培品种以辛女柑橘为主）；二是品改区（主要改良品种为早蜜柑橘，适量改种大分 4 号）；三是柑橘采穗圃；四是新品种引进示范区（引进鹿寨蜜橙、冰糖橙、血橙等新品种 30 余个）。基地建设推行"三疏一改""三挂一种"（即疏树、疏枝、疏果、土壤改良和挂频振式杀虫灯、挂捕食螨、挂黄板、推广生草栽培）、病虫害综合防控、测土配方施肥、无病毒采穗圃建设等现代农业综合措施，改善柑橘园、柑橘树通风透光条件，改良土壤，实行标准化绿色无公害生产，果实品质不断提高。基地建设高标准配套基础设施：基地修建可进行简易机械工作道、建设雨季积雨窖、喷滴管系统、建立设施大棚、安装太阳能杀虫灯、修建环园公路、硬化柑橘园工作道、修建柑橘园运输轨道、修建柑橘贮藏库，集科研、试验、示范、观光为一体的现代农业产业园。

通过标准化管理，基地示范区平均亩产柑橘为 2 500～3 000 千克。果品 65 厘米以上优质果率达 90％以上，较普通果园提高 40％，可溶性固形物含量较一般果园提高 1～2 个百分点。平均售价达 6～10 元/千克，较普通果园提高 0.8 元/千克，基地生产的早蜜椪柑售价可达 16 元/千克，经济效益和社会效益十分显著。

2012—2020 年，泸溪县柑橘研究所纳入湖南省水果产业技术体系，在湘西山区区域试验站，以李德金高级农艺师为技术总负责，配合湖南省水果体系岗位专家，开展柑橘新品种引进示范、柑橘新技术试验示范，将岗位专家成熟的技术进行示范、应用。实施了柑橘低产园改造、"三减一增"栽培、大果实蝇综合防控（推广诱蝇球、糖醋液诱杀）、防草布应用等新技术，取得了明显的应用效果。

十一、品牌创建　果商双赢

泸溪县委县政府审时度势，于 2007 年将泸溪县椪柑有限公司民营化管理，从农业局剥离出体制，脱离人事编制，李建兵同志义无反顾地放弃铁饭碗，接任了民营性的泸溪县椪柑公司董事与总经理，全方位迎接市场挑战，承载着泸溪柑橘的市场开拓与引领，同时撤销泸溪县柑橘技术推广站，成立泸溪县柑橘研究所，工作重点从发展面积向优质高效转变，承载着泸溪柑橘由生产发展向科研引领转型。泸溪柑橘产业管理更专业化规范化，柑橘品质进一步得到提升，为泸溪柑橘品牌注入更丰富的内涵，泸溪的柑橘产业品质品牌效应进一步凸显，县委县政府主动发力，在连续举办3届柑橘促销节（会）的基础上继续举办了第四届、第五届两届"中国泸溪椪柑节"，实行公司＋农户＋大户的"泸溪椪柑中华行"外销宣传活动，为泸溪柑橘赢得了市场，赢得了信誉。

泸溪县在产品提质与产品营销上做足功课，通过"公司＋合作社＋大户"的市场模式，通过互联网＋的电商模式，先后成立了柑橘专业公司、柑橘专业合作社等47家，实体市场销售与电子商务平台均出现了供销两旺，泸溪柑橘声誉鹊起，产品远销俄罗斯、东南亚国际市场，国内市场更是南北两旺。

十二、风雨兼程　砥砺前行

2019年早春，泸溪再次遭遇特大冰灾，泸溪柑橘再次受到重创，挂在树上的果实来不及采摘，受冰冻的果实外鲜内空，品种经济效益受到严重影响。为了适应市场竞争，县里及时调整思路，调整柑橘产业品种结构，做到早、中、晚熟品种搭配，鲜食与耐储藏运输搭配，品改与重新种植并行，到2020年秋季统计，泸溪县柑橘面积21.53万亩，柑橘品种已经达到40多个，重新种植面积1.5万亩，新繁育优质苗木150万株。一个仅31万人口的湖南湘西边陲小县，人均0.7亩的柑橘产业，产业脱贫为这个曾经的国家级贫困县起到了不可低估的作用。2020年3月25日湖南省委书记杜家毫在州委书记叶红专、州长龙晓华的陪同下来到泸溪浦市调研，走进了泸溪的柑橘新苗木繁育基地，对于泸溪因地制宜、发展柑橘产业给予了充分肯定，并鼓励沿着这条产业发展的正确路子走下去。

泸溪柑橘,在历届县委县政府的高度重视下,农业农村局狠抓柑橘产业不动摇,百姓获得了实实在在的实惠。近年来泸溪县捆绑各种专项资金上千万元发展柑橘产业,覆盖泸溪县 11 个乡镇,最高年总产量达 19.2 万吨,产值 2.5 亿元,建成无公害基地 10 万亩,获得"中国椪柑之乡"的美誉。根据农业农村部、财政部《关于公布 2020 年优势特色产业集群建设工作方案》,泸溪县选出秋果等五个农民专业合作社纳入湖南省农业农村厅、湖南省财政厅的《湖南 2020 年优势特色产业集群建设》建设项目、泸溪县柑橘低产园建设示范基地建设项目,建设面积达 2 000 亩,中央财政支持和湖南省财政配套,与自主筹措等多方资金累加发力,完善现有的低产果园建设,完善基地基础设施,推广"三改三减"生产技术,逐步提升泸溪柑橘的农业现代化进程。

十三、面向未来　续写辉煌

2020 年面向"十四五"规划的谋篇布局,泸溪县委县政府以"十四五"建设为契机,以战略高度谋发展,2021—2025 年泸溪县继续实施柑橘产业振兴项目,大力调整品种结构,夯实产业面积,优化产业布局,使泸溪县柑橘品质及产业格局整体提升。实施新开垦和老果园重新种植 8 万亩。通过对 12 万亩老果园品改、低改和标准园建设巩固现有柑橘种植面积,提升柑橘品质,增加柑橘培育管理的科技含量,实现"两减一增"(减少农药化肥的使用,增加有机肥施用),创建高产优质高效益的产业园。根据果农意愿需求进行果园重新种植,对撂荒土地进行水土保持、国土整治新开垦土地,实施柑橘新开垦、种植柑橘新品种,不断优化泸溪柑橘的品质和品种结构。

区域布局:沅水流域以武溪、浦市、达岚等乡镇,以新开垦和重新种植 5 万亩,品种为纽荷尔脐橙为主;峒河流域沿线以洗溪、潭溪、白羊溪等乡镇新开垦和重新种植 3 万亩,品种为春香(又名黄金贡柚)、早蜜椪柑为主。同时对武溪、洗溪、浦市、潭溪等乡镇对老果园进行低产园改造和标准果园建设,适度进行柑橘高接换种；以峒河沿岸果园为基础，打造 10 万亩无公害标准化优质柑橘生产基地，进行高标准培育管理。

继续以泸溪"中国椪柑之乡""泸溪椪柑"国家地理标志商标、"泸溪椪柑"国家地理标志保护产品等品牌优势，增强市场竞争力，重心向柑橘提高品质，推进产业转型升级；因地制宜选择最适宜泸溪气候、土壤等条件的品种，科技兴果，加大品种改良、品种引进、品种选育，科学研究齐发力，走可持续发展的柑橘产业发展道路；加大对泸溪柑橘的宣传力度，提升泸溪柑橘的文化品位，增强品牌意识，加大市场占有力度，泸溪县进一步大力提升柑橘产业规模化、标准化水平；积极对接市场，形成以潭溪镇、白洋溪乡、洗溪镇、武溪镇，浦市镇等乡镇为轴线的沿沅江及峒河临水而种、近水而栽的泸溪柑橘核心生产带，进一步构建现代农业产业体系，生产体系以及经营体系，使柑橘产业在泸溪"美丽乡村建设"和"乡村振兴"战略中，形成"产业兴旺"的良好格局，为"产业富民"发挥更大的作用。

第二章
泸溪县栽培的柑橘品种资源

一、本土柑橘品种

泸溪椪柑是从泸溪柑橘原来栽种的柑橘树芽变中选育出的优良单株，并经过8年的优中选优，筛选出8304、8306株系的嫁接后代群体，各种优良性状更加凸显。至2019年，泸溪椪柑种植面积18万亩。泸溪椪柑先后获得湖南省农业科技进步奖二等奖、"绿色食品"认证、湖南省名牌农产品、中国消费市场公认畅销品牌、中国消费市场食品安全放心品牌、上海博览会畅销产品奖、湖南省消费者信得过品牌和中国名优品牌等荣誉，2018年获得原国家质检总局批准对泸溪椪柑实施地理标志产品保护。泸溪柑橘代表品种有辛女椪柑、早蜜椪柑等。

1. 辛女椪柑　辛女椪柑系泸溪县农业局经过多年选育，从普通椪柑的芽变枝而获得的优良单株，2006年经湖南省农作物品种审定委员会登记（XPD003—2006）。目前全县栽培面积接近18万亩。

辛女椪柑树势强健，幼树枝条直立性强，分枝角度小，大树梢开张。单果重110～150克，果实横径6.5～7.0厘米，最大达9.2厘米，果形指数0.88～0.92，果实扁圆或高扁圆形，果皮光滑，橙红或橙黄色，蜡质层厚，有光泽，果顶微凹，柱痕点大，有时为小脐，细胞突起，较细密，易剥皮；果蒂平，少数稍隆起，有8条放射状沟纹，囊瓣10～12瓣。果肉橙红色，脆嫩化渣，酸甜味浓，汁多，籽少，食后回味香甜。单果重125～150克，可溶性固形物含量≥13%，总酸≤1.0%，维生素 C≥234.0 毫克/升。11 月下旬成熟，耐贮性较好。

辛女椪柑结果早，丰产稳产，颜色鲜艳，品质极佳，肉质脆嫩，果汁多，化渣爽口，风味浓甜，品质优。果实耐贮性好，抗逆性较强。

2. 早蜜椪柑 早蜜椪柑是湘西土家族苗族自治州柑橘研究所从泸溪县洗溪镇岩寨村辛女椪柑中选育而来，2012 年获得湖南省非主要农作物品种登记，品种登记号为 XPD003—2012。该品种有 4 个突出的特性：一是成熟期早，比普通椪柑提早 20 天成熟；二是可溶性固形物含量高，可溶性固形物含量 14.2%，最高可达 18.6%；三是种子少，单果种子数 2~4 粒；四是果皮薄，易剥皮。早蜜椪柑已成为泸溪县调整柑橘品种结构的主导品种，已在泸溪县种植 1.0 万余亩。

该品种树势较强，树姿较直立，分枝性强，枝条密，通过简单整形修剪后树冠呈自然开心形。平均单果重 120 克左右，果实扁圆，完熟后果皮橙红色，皮薄光滑，油胞较细，肉质较脆易化渣，果形指数 0.8 左右，可食率 76%，单果种子数 2~4 粒，总糖含量 12.62%，可滴定酸含量 0.73%，可溶性固形物含量 14.20%，维生素 C 470.5 毫克/升，糖酸比 17.47，出汁率 38.46%，成熟期为 11 月上旬；挂树延迟 30~40 天采收，口感明显变浓变甜，肉质更为细嫩，树冠覆膜可延迟至翌年 1 月上旬，可溶性固形物达 16.3%左右。最突出特点是表现早熟，比目前湘西主栽品种成熟期提早 20~30 天，可溶性固形物含量最高达 16%左右。

抗旱性、抗寒性及抗病虫性与其他椪柑类似，普通椪柑栽培区均可推广栽培。

3. 浦市甜橙 浦市甜橙是泸溪传统特产，地方良种。浦市甜橙 20 世纪 70 年代至 80 年代是湘西土家族苗族自治州重点推广品系之一，其中无核 1 号在福建漳州召开的全国甜橙良种鉴评会上名列第五，1976 年浦市甜橙在北京召开的全国柑橘良种鉴评会上被评为全国突出的 10 个优良品系之一。

　　浦市甜橙具有果形圆润、色泽鲜艳，果肉细嫩、籽少汁多、果味香甜等特点，色、香、味兼备，冠于同类甜橙产品之首。果大圆形，果顶平，果色橙红，油胞多，瓤囊11瓣、肾形，果肉橙黄，可溶性固形物含量11.8%～12.2%，糖含量9.09%～9.83%，酸含量0.92%～1.29%，维生素C果汁含量550.0毫克/升。11月下旬成熟。浦市甜橙除营养十分丰富外，还具有极强的药用价值，20世纪50年代，浦市当地居民地库贮存一定数量的浦市甜橙，以备为发烧病人的退烧之用；甜橙还具有顺气化痰、促进消化、强身补体的作用，特别是含维生素P，对高血压有一定辅助疗效。此外，浦市甜橙种子、果皮、叶子、幼果都是珍贵的中药材。

　　甜橙果实极耐储运，在无机械损伤的情况下，只要保管得当，无需任何药剂处理，鲜果可以保存良好果实品质到翌年6～7月。甜橙树形高大，结果年限长，经济价值高，单株最高产量可达550千克，高产园每亩可达3 600千克，大面积栽植平均每亩产量1 500～2 000千克，经济效益非常明显。

　　90年代以来，泸溪柑橘产业面向市场竞争，出现了栽培品种多元化，椪柑种植逐步占主导地位，椪柑成为新的柑橘发展产业，浦市甜橙作为地方传统产品，县委县政府高度重视，农业农村局柑橘科技人员采取各种措施，加以保护，浦市甜橙还有一定栽培面积。

二、引进柑橘品种

　　1. 纽荷尔脐橙　纽荷尔脐橙（英文名 Newhall navel orange）原产美国，是加利福尼亚州 Duarte 的华盛顿脐橙芽变而得。1978年引进中国。纽荷尔脐橙投入产出期较短，一般定植后第三年就能挂果生产，第四年后一般亩产可达2 500～3 000千克，寿命可长达40～50年，效益可观。由于品质优，外形美，在柑橘主产省、直辖市均有种植，在江西赣州、湖北秭归、重庆云阳、奉节等地种植较多。

　　纽荷尔脐橙树势生长旺盛，枝梢短密，叶色深绿，果色橙红，果面光滑，果实呈椭圆形至长椭圆形，多为闭脐，果肉细嫩而脆，味香汁多，口感清甜，平均单果重 300～350 克，大者达 750 克以上，深受消费市场欢迎。

泸溪县零星引进是 20 世纪 80 年代，在泸溪栽培土壤气候条件适宜，表现性能优秀，品质优良，市场经济效益可观，到 2019 年全县种植脐橙面积为 2 万亩，市场单价 4～5 元/千克。

2. 华盛顿脐橙 又名美国脐橙、抱子橘、无核橙、花旗蜜橘。原产南美巴西，主产美国、澳大利亚等国。在中国四川、重庆、湖北、湖南、江西栽培较多，南方各省均有少量种植，泸溪也有少量引种栽培。其主要特点：树冠半圆形；果大，单果重约 180～200 克，果顶部常突出呈圆锥状，有脐，闭合或开张；果皮橙黄色，厚薄不均，果顶部较薄，油胞大，较稀疏，突出，囊瓣肾形，10～12瓣，中心柱大，半充实。汁胞脆嫩，汁多，风味浓甜有香气，可溶性固形物含量11%～15%，糖含量80～120 克/升，酸含量 9.0～10.0 克/升，品质上乘，鲜食极佳，无核。11 月中、下旬成熟，不太耐贮藏。华盛顿脐橙果大美观，品质优良，较耐寒。但因雄蕊不育，花粉极少，落花落果严重，一般产量极低。因此，可考虑在气温较低、气候较干燥的地区发展，并加强栽培管理，尚可提高产量。

3. 园丰脐橙 系湖南省园艺研究所从华盛顿脐橙自然芽变选育出的优良株系，平均亩产 2 000 千克左右。果实 1 月上旬成熟。

生长势强，树姿较开张，树冠扁圆形或圆头形，枝梢生长健壮，叶色深。有外围长梢、内膛结果的特性，正常情况下无日灼、脐黄和裂果现象。果实近圆形，果形指数 1.03 左右，外形整齐美观，果实较大，单果重 248～284.6 克，果面较光滑，果色橙红，多为闭脐。果肉汁多，脆嫩化渣，可溶性固形物含量 11.8%～13.8%，总糖含量 9.66%～11.05%，可滴定酸含量 0.74%～1.08%，每 100 毫升果汁维生素 C 含量 49.86～68.36 毫克，可食率 69.62%～73.35%，固酸比 13.43～17.97，风味甜酸适度。抗性较强，裂皮病、溃疡病、炭疽病等病害较少。

2018 年泸溪从湖南省园艺研究所引进园丰脐橙接穗进行嫁接，2020 年栽培 400 亩，目前属于幼树期，经济性状尚未表现出来。

4. 塔罗科血橙　从意大利引进，树势强健或中等，树冠圆头形或开心形。枝叶较大，夏梢粗壮，多长刺，结果树春梢健壮基本无刺，秋梢较长且具刺，叶片卵圆形至长椭圆形。花较大，白色。果实中大，短椭圆形或倒卵圆形，平均单果重 194.77 克，可溶性固形物含量 10.4%～13.5%，每 100 毫升果汁总糖含量 7.42～10.61 克，酸 0.69～1.16 克，维生素 C 53.88～65.74 毫克。果皮与果肉紫红色，质地细嫩化渣、多汁，风味浓郁、酸甜适口。果实 1 月下旬至 2 月上中旬成熟，品质上等。泸溪县已有小面积种植，经济效益表现非常优秀，每千克为 16 元左右。

5. 冰糖橙　冰糖橙树势健壮，树姿开张，枝梢较粗壮。果实近圆形，橙红色，果皮光滑；单果重 80～90 克，果汁较多，产量较高，可溶性固形物含量 14.5%，含有丰富的维生素 C，味浓甜带清香，基本无核。11 月中、下旬成熟，果实较耐贮藏。20 世纪 70 年代泸溪县引种栽培，适应性强，表现非常好，经济效益可观，每千克为 4～6 元。

6. 鹿寨蜜橙　该品种泸溪县 2012 年开始引进试种。果皮光滑，呈橙黄色，果实圆球形，果肉橙黄色，肉质脆、味清甜、蜜香味浓、甜脆化渣。果实种子 1～2 粒，可溶性固形物含量 14.1%，果实 11 月下旬成熟，适应性强。通过引种栽培，鹿寨蜜橙在泸溪县种植表现良好，已在泸溪县种植 0.1 万余亩。目前市场最高售价每千克可达 8～10 元。

7. 冰糖柚　冰糖柚来源于安江香柚实生变异，树姿半开张，萌芽成枝力强、树冠扩大成形较快，丰产稳产性好。果实 10 月上中旬开始着色，11 月上、中旬成熟。果实梨形，果形端正，果皮较薄，平均单果重 690 克，可溶性固形物含量 11.8%～13.1%，肉质脆嫩多汁，风味纯正，品质上乘。果实耐贮藏，在常温下可贮藏 120 天左右，市场批发价在 4 元/千克。冰糖柚适应性较强，非常适应在泸溪县发展，现已有小面积种植。

8. "春香"杂柑 又名黄金贡柚，泸溪橘农又名丑八怪，属日本杂交柑橘，单果重220～260克，果面粗，呈黄白色，果顶有一圆形的铜钱印，糖含量11％～13％，酸极低，果肉无核，口感甘甜脆爽。果皮尚青时就可食用。抗病力特强，投产早，丰产性好，耐贮藏，1月上、中旬采收，贮藏至翌年6月不变味、不枯水，是柑橘育种中极难得的珍稀高档良种，市场收购价稳定在8元/千克左右，市场销售价高达20元/千克，非常适应在泸溪县种植。2015年以来，泸溪县通过新开垦耕地和高接换种栽培面积为0.5万亩。

9. 温州蜜柑 当前国内外温州蜜柑品系有100余个，可分为特早熟、早熟和中晚熟三大类。泸溪早在20世纪70年代就引进温州蜜柑栽培，主要以早熟品种宫川为主，特早熟品种大分4号、中熟品种尾张等有部分栽培。温州蜜柑果大、早熟、果实扁圆形，橙红色，横径6厘米左右，果皮油胞较突出，果皮薄，易剥。果肉清甜多汁，无核，经技术检测，含有丰富的维生素C、维生素D、果糖、柠檬酸以及钙、磷、铁等，但皮薄不耐储存宜鲜食或者加工罐头。泸溪县目前栽培面积为0.7万亩。

10. 南丰蜜橘 南丰蜜橘以皮薄核少、汁多少渣、色泽金黄、甜酸适口、营养丰富而享誉古今中外。色、香、味、形俱佳，营养丰富，是柑橘中的精品，水果中的佳品，为"食之悦口、视之悦目、闻之悦鼻、誉之悦耳"的四悦水果。

南丰蜜橘是以鲜食为主的柑橘果品，于11月上中旬成熟，果实小，单果重25～50克，果形扁圆，果皮薄，平均果皮厚0.11厘米，橙黄色，有光泽，油胞小而密，平生或微凸，囊衣薄，汁胞橙黄色，柔软多汁，风味浓甜，香气醇厚，种子1～2粒或无核，品质优良。营养丰富，含有人体所必需的还原糖、柠檬酸、蛋白质、矿质元素、维生素C、维生素E、维生素A、B族维生素、维生素P等多种维生素、胡萝卜素、微量元素以及多种氨基酸。甜酸适度，食之爽口，风味甜而不腻，香气浓郁，沁人肺腑，兼营养与保健于一身。橘肉、橘皮、橘络、橘核、橘叶皆可利用，并具一定的药用价值。

泸溪县早在 20 世纪 60 年代就有引种，但栽培面积不大，可作为丰富产业结构，起到供给市场品种调节作用。

11. 零星栽培品种　作为调节柑橘品种结构，泸溪县先后引进了小青柑、葡萄柚、世纪红、爱媛 38 号、砂糖橘、明日见、沃柑、春见等中高档柑橘品种 40 多个，目前有的柑橘品种适应性强，但经济效益不明显，栽培面积均不大。

第三章

柑橘育苗

一、选址

苗木能否快速健壮成长，关键在于选择适宜柑橘苗木生长的苗圃地时，应综合考虑地势、土壤、水源等条件。

1. 地势 宜选择平坦，背风、向阳，通气良好的地段。缓坡地具有光照、排水和通气良好，土层疏松，杂草较少的优点，只要开梯整平，可以建立柑橘苗圃。低洼地易渍水，根系生长通透性差，冬季冷空气易沉聚，易造成霜冻，不适宜选用，柑橘苗耐寒性不强，选址时避开容易发生冻害的地势走向。

2. 土壤 土层厚度、土壤质地与肥力，对苗木的生长关系很大。深厚的沙质壤土、冲积土适宜育苗。土壤肥沃，保肥保水性能好，通透排气状况好，根系生长发达，侧根、细根较多，是培育壮苗的先决条件。松土薄根系生长受到限制，易受旱害，苗木枝弱叶黄。质地过于黏重的土壤，通气状况不好，春季土温上升缓，幼苗生长发芽也慢。沙土肥力低，保水保肥能力差，苗木生长先天不足，所以在选择育苗地时，土壤质地考虑在先。

3. 水源 苗木根系较浅，抗旱能力较弱，整个苗期要求有适量的水分供应，才能正常生长。夏秋干旱季节，如果不能及时灌溉，砧木苗容易造成因剥皮困难不能进行芽接。嫁接苗遇到干旱不能及时灌溉补水，干旱可以使苗木提早停止生长，生长等级差；旱期过长易造成落叶死苗。水源灌溉条件是苗木选择的重要条件，尽可能选择靠近水源的地方。如果水源缺乏，则应规划修建蓄水塘坝等，解决灌溉问题。

4. 交通 建圃选址，交通先行，综合考虑便于苗木培育管理的肥料运送。出圃苗木起运和发送，在建圃前需要做好道路系统的布设与规划。

二、嫁接

（一）柑橘嫁接

嫁接：用植物的某一营养器官，芽或者生芽的枝条（称接穗），嫁接到另一植物的枝干或根（称砧木）上，两者经过愈合生长在一起，而形成一个新的个体，称为嫁接苗。

嫁接的优点：

1. 能保持原品种的特性 一般来自遗传特性比较稳定的母本树，嫁接以后长成的苗木，变异性小，能保持品种原来的优良特性。

2. 提早结果 嫁接苗比实生苗进入结果期早，如柑橘实生苗需要7～8年或更长一些时间才开始结果，但嫁接苗只需2～3年即可开始结果，大大地缩短了营养生长期，提早实现了经济效益。

3. 利用砧木的优良特性 增强柑橘对冻害、干旱或病虫害的抵抗能力，提高柑橘品种对土壤的适应能力，用乔化砧能使树冠高大，防止早衰，用矮化砧可使树冠矮化，提早结果。柑橘用枳砧可以显著地提高其耐寒性和抗旱性。

4. 应用广 嫁接还可用于柑橘的高接换种，树冠更新等，在柑橘生产上应用广、作用大。

（二）嫁接方法

从砧木苗到嫁接苗出圃，需要2～3年。柑橘嫁接苗，加强培育管理，两年可以出圃，掌握和解决好育苗过程中各个阶段的主要矛盾，加快幼苗成长，培育健壮苗木。

1. 砧木苗的培育管理

（1）砧木的选择：不同种类的砧木对柑橘有不同的影响，选择适宜的砧木，提高适应能力，促使柑橘优质高产。选择砧木时应作以下考虑：

①适应能力强。对栽培地区气候、土壤条件的适应性要强。

②亲和力要强。砧木与接穗的亲和力强，两者嫁接后，能够紧密结合成为一个生长结果正常的、新的有机体。一般亲和力的强弱与两种亲缘关系的远近成正相关，育苗时，要选择亲和力强的砧木，尽量避免发生嫁接成活率低、生长结果不良的后果。

③抗性强。对病虫害的抵抗力强。有目的地选择对某些病虫害有免疫性的，或者具有某些特殊性状的砧木。

④成活率高，选择容易繁殖成活率高的砧木。

（2）柑橘的砧木：枳主要分布在湖北、河南、安徽、山东等省，枳能够耐－20℃低温；主根较浅，但细根多，抗旱和耐湿能力较强；枝干木质致密，天牛为害较少，抗流胶病、裙腐病；嫁接后个别出现砧部膨大现象，但结果较早，树冠矮化，是一种矮化砧。由于枳嫁接后具有增强抗寒能力的突出优点，是泸溪柑橘类的主要砧木。

酸橙、红橘、酸柚、香橙均可用作柑橘类砧木，但泸溪近年来全部采用枳作砧木。

2. 种子的采集、运输和层积贮藏　砧木苗采用实生苗。采集种子，尽可能就近，湖南没有枳种子基地，泸溪育苗枳大多从河南省、湖北省采集，制订用种计划，安排专人外出采种的办法。

采集枳种子时，尽量选用第一次花结的果实，因为果实较大，种子饱满，发芽率高，幼苗生长健壮，采集的果实，先在室内堆放，或用水浸泡，使果皮软化，然后取种子。果实堆积不得太厚，以66.7厘米左右为宜，注意室内通风和定期搅动，防止发热损害种子。果皮软化后，用竹筒或木棒挤压，取出种子，用清水淘洗，洗净残留果肉及剔除不饱满的瘪子，也可用草木灰搓揉，或用温水洗涤2～3次，除去种皮上果胶质，然后再铺在木板、竹垫、干净的地面上，早晚放置阳光下或阴凉通风处晾干，切不可在中午置于烈日下暴晒，保持种子内适当的水分含量，才能保证种子的发芽力。种子阴干的程度，以搅动种子时略有响声，种皮基本干燥，湿度适当；如搅动时湿滑无声，则为过湿；响声较大则为过干。100千克枳球果可取 25 千克左右枳种子，取种过程一般在采种当地完成。

由于湖南省目前尚未建立枳采种基地，所需种子多从湖北、河南、安徽等省调入，因路途较远，需防止种子霉烂变质。包装种子，宜用麻袋包装，不能用不透气的塑料袋。装袋前，一般采用木炭灰、河沙拌和，以利通气，不得用锯木屑一类的发热物。拌和物的用量，每 100 千克种子大致是：木炭灰 30 千克、河沙 100～150 千克。包装容量不宜太大，一般以 60～80 千克为宜。

种子包装后要及时起运，装运时不要堆积过厚，运输途中要防止种子干燥、发热、霉烂。种子运抵地方后，立即松包处理。如果计划采用嫩种子播种，则应适时调入鲜果，运抵后立即取种下播。

到外地采购砧木种子，严禁检疫性病虫害的传入，不得从有检疫性病虫草害的疫区调入果实取种。

种子淘洗过程中，如果经过 45℃ 以上温度处理者，不能做种子用。

3. 播种方法　播种时，先按株行距划线开沟，施入充分腐熟的有机质底肥，然后播种、覆盖。

播种后，幼苗出土生长的快慢、出苗率的高低，取决于种子下播的深浅、土壤的质地。为此，播种时应把握适当的播种深度，选择和造就种子发芽所需要的土壤。播种过浅，种子得不到足够稳定的水分，使一部分种子丧失活力，出苗率降低；播种过深春季土温升高缓慢，出苗延迟，甚至不能出土。播种深度应根据种子的大小、土壤质地、播种时期等因素决定。一般小粒种子宜浅，大粒及带硬壳的种子宜相对稍深；土质比较黏重宜浅，疏松而保水性较差的宜稍深；春播可稍浅，秋播则因种子在田间的时间长，土壤水分状况较不稳定，适当深播。因地制宜，泸溪多年的育苗经验显示枳种子育砧木苗覆土 2 厘米左右即可。

为了防止土壤板结，使幼苗顺利出土，播种后宜用疏松肥沃的腐熟灰杂肥覆盖，加盖稻草，或者塑料薄膜覆盖，但覆盖不宜过厚，一般以刚好盖严地表为度。保持土壤湿度，避免春季大雨冲刷种子暴露出土面，降低成苗率，春季苗床育苗时，覆盖塑料薄膜，可以促进发芽，提高苗木生长势。

4. 嫁接

（1）原理：柑橘嫁接后，接穗和砧木接合部形成再生能力。两者形成层薄壁细胞进行分裂，形成愈合组织，愈合组织内各细胞间产生胞间连丝，使细胞的原生质相互联结起来，进一步分化出接合部的输导系统，使接穗和砧木两部分彼此沟通，完全愈合成为一个新的整体。

成活的因素：①砧木和接穗之间亲和力。所谓亲和力，就是砧木和接穗之间在解剖结构、生理特性以及新陈代谢方面的差异程度，差异越小，亲和力越强，嫁接成活率越高，反之嫁接成活率越低；②营养状况。砧木与接穗的营养条件越好，成活率越高，反之嫁接成活率越低；③嫁接的技术含量。嫁接的技术含量越高，成活率越高，反之嫁接成活率越低。

（2）接穗和砧木的相互作用：接穗和砧木接活以后，营养物质相互交换畅通，必然发生各种各样的相互作用。

砧木对接穗，主要表现在生长、结果和抗逆性等方面的影响。有些砧木具有促进接穗生长，因而树冠远比接于其他砧木的为大，砧木对接穗的这种影响，称为乔化；对接穗具有乔化作用的砧木，称为乔化砧。柑橘类的乔化砧有酸橙等。乔化砧可以增强栽培品种的生长势，扩大树冠，寿命也较长。有的砧木则能使树冠变小，这种影响称矮化，具有矮化作用的砧木称为矮化砧，矮化砧木有枳等。由于矮化砧能使所嫁接的柑橘品种提早结果，产量稳定，虽然树冠较小，单株产量较低，但通过合理栽培，提高单位面积产量，最大的优点是便于管理和采摘，矮化砧木的研究和利用，是服务于大面积柑橘发展产业的必然。

砧木对接穗，还会影响到果实的成熟期、色泽、品质和耐贮性等方面，例如甜橙，嫁接在酸橙和枳上则品质更佳。

砧木基本是野生或半野生的，具有抗寒、抗旱、耐涝或耐盐碱的特性，这些特性对接穗的抗逆性和适应性都有明显的影响。如枳抗寒性强，用它嫁接柑橘类，耐寒力明显增强。特别是一些砧木，对某些病虫害的抵抗力强，甚至具有免疫性，枳砧木抗裙腐病。

砧木对接穗虽然有多方面的影响能力，砧木通常是1～2年生的幼龄苗木，而接穗却已经是发育成熟、具有结果能力、遗传特性稳固的枝条；而且砧木嫁接后缺少自己的叶器官，不能直接制造可塑性的营养物质。砧木对接穗，多属于生理的作用，一般不会造成遗传基础的改变，能保持嫁接新个体品种原有的特性。

接穗与砧木作用，由于两者与生长特性生理机能的差异，代谢作用和代谢产物不完全一致，砧木根系生长的地上部分营养是由接穗部分制造养分输送，接穗也会对砧木发生作用，如根系分布的深度，细根密度和其他抗逆性能等。

了解砧木和接穗之间的相互作用，更好地选择和利用砧木的优良性状来影响接穗品种，以达到增强适应性，提高抗性，提高产量和品质的目的。

（3）接穗的采集和储运：采集接穗时，首先应当确定适于当地栽培的优良品种，并在良种母本园或良种母本树上采集，不能盲目地乱采接穗，以免造成苗木品种混乱，良莠不一，影响品质和产量。

接穗应在本地区就近采集。需要从外地引种，尤其是外省采集时，必须事先取得植物检疫机关的同意，不得任意在疫区调入接穗，以免带入检疫性病虫害，特别是在采集柑橘接穗时，严禁在柑橘溃疡病、黄龙病、青枯病、瘤壁虱的疫区采集接穗。

采集接穗，选用母本树冠中、上部生长充实，没有病虫害的当年生枝条，同时兼顾母本树的生长和结果，剪枝过程保持和提升美化树冠结构，并以不影响产量为前提。

确定接穗采集的时间，夏、秋季芽接或腹接时，因气温较高，一般是随采随接，枝条采下后立即将叶片剪除，以减少水分蒸发。每50～100根一捆，附品种标签，实行按品种划分区域嫁接。一时嫁接不完的枝条，将接穗下端置于清水中或用湿布包好，放在阴凉处保存，切不可在阳光下暴晒。春季切接需用的接穗最好也是随采随用。不过，即使春梢已经萌芽，只要采下后，抹除嫩梢，嫁接后叶腋副芽同样能抽发新梢成苗，成活率也高。

从外地采集接穗，包装时注意保持接穗适当的湿度、温度和通气。运送时间较短时，可用塑料薄膜包装；反之，宜用湿润的青苔或湿草纸包好，置于竹筐、木箱、有气孔的塑料箱。运输途中要适当通风，避免暴晒和挤压。

接穗采集，防止浪费枝条。每千克接穗枝条可以嫁接的株数，依不同树种、品种枝条的粗细，节间长短而异。柑橘类接穗每千克可接 1 600～2 400 株。

（4）方法：柑橘嫁接常用的嫁接方法。

①芽接法：芽接法是从接穗上削取一个芽，嫁接在砧木皮层使其愈合成活的方法。这种方法操作简便，成活率高，接合牢固，嫁接时期较长。

芽接的时期，通常是在接穗的腋芽已经充分成熟，而砧木达到一定粗度（0.5 厘米以上），皮层能够剥开的时候进行。砧木皮层容易剥开，主要是由于形成层薄壁细胞分裂活动旺盛所致。形成层活动盛期是有其季节性的，以 8～9 月芽接较为适宜。

芽接的关键技术，切芽柑橘芽片长度 1.2～1.4 厘米，芽下的长度宜为芽片长度的 3/5，芽上长度 2/5，这样有利于愈合。

包扎：塑料薄膜具有柔软保温特点，包扎后不用培土，嫁接成活率可达 95% 以上，而且工效高。薄膜可预先剪成长 23.3～26.7 厘米，宽 3～5 厘米的小条（长宽度视砧木粗细而定）。包扎时，先扎上部，再由上而下将接芽全部密闭，注意上下较紧，中部稍松，以免压伤芽眼，最后打个活结即可。嵌合芽接法，多在砧木剥不开皮的时候采用，只要掌握嫁接技术，成活率也会较高。

砧木削皮：在砧木离地面 5.0～6.7 厘米处，选择比较平滑的一面，用刀自上而下削一切口，深达形成层，长 7.5 厘米左右，将削皮切除 1/3～1/2，只保留联结基部的一小段。

削取接芽和嵌芽：在接穗芽眼的上部约 0.5 厘米处，朝芽下方直切一刀，削面长 1.4 厘米左右，要平滑，以微带木质部为最好，再在芽下约 0.6 厘米处斜削一刀，取下芽片，嵌合在砧木削口上。

如芽片宽度小于砧木切口时，务必使接芽靠近一边，使两者形成层贴合。包扎薄膜与盾形芽接相同。

②切接法：其优点是容易掌握，操作方便，成活率高，接活后生长迅速，培育管理好的苗木，当年可达66.7厘米以上。

切接的时期，主要在砧木已经开始萌动，而接穗即将萌芽的时候，此时树液均已流动，嫁接容易愈合成活。泸溪柑橘从3月上旬至6月初，但以3月至4月中旬最为适宜。由于春季农事季节紧迫，加之嫁接时间较短，必须注意不违农时，按不同树种、品种萌芽期的先后，有计划地安排好嫁接工作。嫁接过迟则影响成活率和当年苗木生长量。

切接用的接穗，宜用一年生枝梢。柑橘可用一年生生长充实的春梢、夏梢或秋梢。柑橘的枝梢有多次生长的特性，因而在春梢停止生长后，发育充实（6月上旬）以后，也可剪取进行切接。实践证明，只要嫁接后注意灌水防旱，成活率很高，当年同样可达到出圃要求。

剪砧切砧：砧木在离地面3.3～6.7厘米处剪断，选择皮层平滑的一面，在剪口外缘稍微斜削去一点皮层，以辨认形成层位子（形成层就在皮层与木质部之间），然后再沿形成层笔直切下，切面长短依接穗长短而定（但应与接穗的长削面长度一致，柑橘类一般4厘米左右），切开的皮层以不带木质部为最好。为了提高工效，可先一次剪砧30～50株，接后再剪。对于不合规格、生长弱小的砧木，应先行移出或延迟嫁接。

接穗的制取：切接用的接穗，通常只用一个芽，称为单芽切接。削取接穗时，先在芽下4～5厘米处削一短削面（斜面大约45°），再在短斜面的对侧，于芽下0.5厘米处削一长4厘米左右的长削面（柑橘的枝条呈三棱形，应选择扁平面为长削面），削面应当平整，深度以恰好达到形成层为宜，最后在芽子上方1厘米处将接穗切断（斜面呈45°左右）即成。

插接穗：将接穗长削面的形成层对准砧木切口的形成层插下，砧木开口多深就插多深，但要求开口深度与接穗长剖面等长或稍短，务使两者形成层紧紧贴合为原则。当接穗大于砧木时，接穗的愈合面宽，可插在砧木切口的正中间，当砧木大于接穗时，接穗则靠砧木切口一边对准形成层接合。

薄膜包扎：通常采用露芽包扎法。包扎时，左手拿膜长的 1/3，右手拿膜的 2/3，以嫁接处为中心，右手持膜向左围绕一圈，使接穗与砧木固定，再往砧木伤口围一圈，把伤口密封，然后左手把薄膜翻转过来，覆盖接穗顶端削口，不要盖住芽眼，右手持膜绕一圈固定，把砧木与接穗交界处扎紧，缠绕一圈，打成活结抽紧。总之，包扎薄膜时要注意松紧适度，伤口密封，接穗不移动，芽眼不覆盖。

③腹接是枝接法的一种，在夏秋季芽接砧木削不开皮的时候采用此法。用此法嫁接的，第二年萌芽后苗木的生长量比芽接的强。腹接与单芽切接相同的地方，是接穗削法基本一样，砧木削皮也以深达形成层为度。不同的地方是，切接主要在春季进行，而腹接在夏秋季进行；切接时需先将砧木剪断，而腹接不必剪断砧木，等待翌年春季再剪砧；切接时实行露芽包扎，腹接则不露芽才有利于成活，切接后接穗当年萌发生长成苗，腹接则和芽接一样，于翌年再萌芽生长。

腹接的要领是：在砧木离地 6.7 厘米处，选择一平直面，顺皮层纵切一个长 5~6 厘米的平滑切口，深度以达到形成层为好，切口应略长于接穗长剖面，再将砧木削皮截去 1/3 左右，然后削取接穗嫁接。为了避免嫁接时接穗与砧木搁空，影响形成层愈合，接穗削皮时，运刀不宜过陡，需让刀逐渐进入皮层，使长剖面平直，接穗插入砧木后再包扎薄膜，封闭伤口，愈合后及时解开薄膜，或者用牙签将萌芽处扎出一个小口子，让其新芽破膜而长。

5. 培育管理 嫁接后，要使接芽顺利地萌发、抽梢，培育成达到出圃规格的、健壮的苗木，如下程序必不可少。

（1）检查成活：嫁接两周后，检查成活。如果接穗颜色未变，伤口已经愈合，叶柄用手触及即行脱落，芽眼鲜艳饱满，是嫁接成活的标志。要是接穗变色，叶柄干枯，伤口没有愈合，则嫁接未成活。凡嫁接未成活者应及时补接。秋季芽接或腹接的时间较迟，来不及当年补接的，可以在翌年春季进行切接。补接时注意品种不要混乱。

（2）解除薄膜：芽接和腹接都可在检查成活时一次解膜，要注意解膜不宜过早，过早解膜，接芽尚未完全愈合，在高温干燥情况下，易使接芽枯死；晚秋嫁接的，也可以在翌年春季萌芽前解膜，但不宜过迟，以免接芽在薄膜内萌芽卷曲。

切接苗的薄膜应当在枝梢木质化时解开。柑橘类苗木一般是在春梢停止生长以后解膜，解膜过早，嫩梢经不起风吹日晒，容易脱落或折断死亡；解膜过迟，则因薄膜缠绕接口，影响苗木生长。

（3）适时剪砧：芽接苗和腹接苗都要进行剪砧。剪砧的作用是使接芽处于顶端位置，可以获得较多的水分、养料，促进接芽萌发生长。剪砧的时期，应在早春接芽萌动前。剪砧时，可在芽眼以上0.3厘米处剪去，注意不要剪得太低，损伤芽眼；剪口要光滑；芽眼一面稍高，背面可稍低。

（4）除萌摘心：接芽萌发前后，砧木部分常抽生萌蘖，应及早抹除，以免与接芽争夺养分，削弱嫁接苗生长。接穗芽如果是复芽，同时萌发几个新梢时，选留一个生长健壮者，其余抹除。

（5）施肥灌水：及时施肥灌水，满足苗木生长充足的养分水分。泸溪柑橘育苗重视基肥和追肥。基肥在冬季于砧木侧面开9.9～13.2厘米深的沟施下，用腐熟的家禽粪渣或其他土杂肥；追肥在苗木生长期分次施用。柑橘苗木需肥量较大，枝梢生长通常有春梢（3月上、中旬抽生）、夏梢（6月上、中旬抽生）和秋梢（8月以后抽生）三次梢，达到三次梢的生长量，决定着嫁接苗的高度，而且"春梢壮，夏梢长"，柑橘苗追肥应掌握在每次抽梢以前1～2周及时施下；第一次在春季剪砧（或切接）前施，第二次在春梢停止生长时，第三次可在7月夏梢迅速生长期。8月是否施肥，要视苗木生长情况而定，如果夏梢粗长，一般不必再施，如生长势较弱，则可酌情再施一次。但9月以后不再施氮素肥料，避免抽生晚秋梢，无效消耗养分，减弱抗寒力。

追肥所用的肥料以人畜粪肥为主配合施用速效化肥。7～8月干旱季节，要及时灌溉，灌溉前应清除杂草，灌后进行中耕松土。

（6）中耕除草：与砧木苗培育管理阶段的要求相同。

（7）防治病虫害：为害柑橘苗木的主要病害有疮痂病、溃疡病（在疫区为害，但接穗来自病株时，也可带病）；虫害有恶性叶虫、象鼻虫、潜叶蛾、凤蝶幼虫、红蜘蛛等，其中以潜叶蛾的危害最大，应特别重视，做好防治工作。

三、苗木出圃

（一）规格

出圃的苗木，必须品种纯正，接口愈合良好，生长健壮。柑橘类一级苗木高度应达 66.7 厘米以上，嫁接部以上 1 厘米处直径 0.8 厘米以上，枝叶生长健壮，根系发达；没有检疫性病虫害（例如柑橘溃疡病、柑橘黄龙病、柑橘青枯病、柑橘瘤壁虱）等。凡带有检疫性病虫害的苗木严禁调往无此病、虫的地区。生长不合规格，苗高 16.7 厘米以下的柑橘苗木，必须继续培育得达到要求后再出圃。

（二）出圃时期

出圃时期，柑橘因耐寒性较弱，可在 10 月中、下旬至 11 月，或 2 月下旬至 3 月上旬出圃，12 月至翌年 1 月低温寒冻期间不宜出圃，以免冻伤苗木，造成落叶死亡。挖苗选择阴天进行。

（三）掘苗要点

柑橘苗木，因叶片蒸发量大，有计划地按照不同品种分别掘取。掘苗时宜深挖一点（25～30 厘米），多带细根，主根应有 19.9～26.6 厘米。掘取苗木时，减少伤根过多，带土就近栽植、短途运输，这样的苗木定植后能按时萌芽。掘取苗木时，还应防止损伤主干或主枝，注意保护叶片。掘取的苗木，主根和侧根的伤口可剪成斜面，以利于伤口愈合生根，过高过密的分枝，也可稍为疏除，病虫枝则要剪去。切接苗未经去除包扎薄膜者，在掘取后松除包扎薄膜。

（四）苗木的分级、包装和运输

掘取的苗木就地按品种、规格分级、包装，尽快送到用苗基地。包装材料可就地取材，稻草、塑料薄膜均可。包装时，按苗木大小，每 50～700 株一包，较大的苗木则可酌情减少，捆成基部膨大的圆锥形。为了防止苗木根系干燥，保持适当湿度，可采取蘸泥浆等方法。如需长途运输，需先把苗木根系用冷水浸泡 1 小时，蘸上泥浆，然后填充青苔，再用稻草包扎。运抵后，先在冷水内浸泡，再解开草包，将泥浆洗净后再进行栽植，能保证成活。

苗木包妥后，挂上标签，注明品种名称、砧木、苗龄、株数等。附上说明书，写明品种特性和有关栽培要点。

苗木运输途中，应加强管理，防止风吹日晒，不宜堆积过高，以免沤烂叶片。

四、柑橘无病毒容器育苗技术

柑橘无病毒容器苗，无病毒感染，生长快，二年生容器苗可达到露地三年生苗的生长量。苗木根系发达，带土移栽，定植后成活率高，第二年可形成 50～80 厘米的树冠，并开花结果。基本上无病虫为害，特别是无根系病害及根线虫侵染。

1. 育苗设施

（1）温室建设：主要用于砧木苗培育。主体为钢架塑料大棚，采用燃煤热风炉控温。光照、温度、湿度、土壤条件可人为调控，进出温室的门口设置缓冲间（消毒间），内砌苗床，填入营养土。苗床可用水泥板、塑料板或木板等制成宽 100～150 厘米、深 22 厘米，下部有排水孔，苗床高于地面 30 厘米，苗床与苗床间的距离为 1 米。

（2）网室（采穗圃）：主体为钢架连栋大棚，进出网室的门口设置缓冲间（消毒间），内砌苗床，宽 100 厘米，长不超过 60 米，苗床的深度为 36 厘米，填入营养土。床沟宽 50 厘米，沟底要低于苗床床底，床壁下部（靠床底）最少每隔 1 米设一排水缝。

（3）育苗容器：用于嫁接苗培养，由线性聚乙烯吹塑而成，高

32 厘米，容器口宽 12 厘米，底宽 8 厘米，梯形方柱，底部有 2 个排水孔，能承受 3～5 千克压力，使用寿命 3～4 年。

（4）营养土的配制：营养土的配方为 1/3 泥炭土、1/3 锯木屑（谷壳）、1/3 河沙，或 1/3 果园表土、1/3 堆制渣肥、1/3 河沙，配制前泥炭土和渣肥需粉碎，氮、磷、钾等营养元素按适当比例加入。将配制好的营养土用锅炉产生的蒸汽消毒，消毒时间每次 40 分钟左右，冷却后即可装入育苗容器；也可将营养土堆成厚度不超过 30 厘米的条状带，用无色塑料薄膜覆盖，在夏秋高温强日照季节置于阳光下暴晒 30 天以上。

2. 培育砧木

（1）砧木种子的采集和消毒：砧木种子要采自优良纯正品种或优良单株系，无裂皮病、碎叶病和检疫性病虫害。播前要进行种子消毒，先在保温容器内倒入 57℃ 左右的热水，将砧木种子用纱网袋装好，置于 50～52℃ 热水中预浸 5～6 分钟，取出后立即投入保温容器内，注意使水温保持在 55℃±0.3℃，处理 50 分钟。取出后，立即摊开冷却，稍晾干，待播。凡要接触已消毒种子的人员，必须先用肥皂洗手。

（2）播种：采用秋季嫩种播种或翌年春季播种。把种子有胚芽的一端置于苗床营养土中，覆盖 1.5 厘米厚营养土，一次性灌足水。苗床保持地温 25℃ 以上，当温度超过 30～32℃ 时，要立即揭膜和喷水；相对湿度保持在 80%～90%。苗出土后，隔 7～10 天喷一次杀菌剂（多菌灵或甲基硫菌灵等），防治立枯病、炭疽病和根腐病，及时剔除病弱苗。当苗高 5 厘米以上时，追施 0.1%～0.2% 复合肥溶液，待苗高达 15 厘米以上时即可移栽。

（3）砧木苗移栽：移栽时间以砧木苗高度为准，一般秋冬播种的在 4 月中下旬移栽，春季播种的在 5 月下旬至 6 月中旬移栽。淘汰根颈或主根弯曲苗、弱小苗和变异苗等不正常苗。将育苗容器装入 1/3 高的营养土后，把砧木苗放入育苗容器中，主根直立，边装土边适当抖实，灌足定根水。栽完后，按苗的生长状况分为 1 级、2 级、3 级，摆放在露天育苗场上，以便分类管理。

（4）砧木苗的管理：移栽后约 15 天，施一次 0.15％复合肥溶液，以后每月施肥一次，并加入 0.3％的尿素液，在夏季，要注意保持营养土湿润。偏倒的苗木要及时扶正，使挺立生长。经常剪除根颈以上 20 厘米范围内的分枝和针刺，保持嫁接部位光滑。要做好红蜘蛛、四斑黄蜘蛛和潜叶蛾等害虫的防治工作。

3. 培育采穗母体树　采穗树要来自国家柑橘脱毒中心和省级柑橘良种无病毒苗中心繁殖场，按品种（品系）株系分开定植于网室内，定植密度为 0.5 米×0.5 米，加强水、肥管理，注意促进营养生长，以培养较多的充实健壮接穗。定植后第二年开始采集接穗，连续使用 3 年（限期）。

4. 嫁接　当砧木苗高达 35 厘米以上，主干 10 厘米高处的粗度达 0.7 厘米左右，即可开始嫁接，嫁接部位必须离根颈部 10 厘米以上。嫁接方法，以秋季腹接为主，春季切接为辅。嫁接工具必须用洗衣粉洗净，再用 10％～20％漂白粉消毒，用清水冲净。嫁接人员必须衣着干净，用肥皂洗手。

5. 嫁接后的管理

（1）补接：嫁接后 15 天左右，检查成活情况，如果接芽变黄，表明未接活，应立即补接。

（2）除膜：春季嫁接的待接芽长至 15 厘米左右解除薄膜。秋季嫁接的一般在翌年春季解除薄膜。

（3）除萌：砧木上抽生的萌蘖枝要及时剪除，一般 7～10 天剪一次。

（4）剪砧：秋季嫁接的，在翌年 3 月份进行第一次剪砧，将成活株接芽上面 10～15 厘米以上的砧木剪除；待接芽第一次停止生长后，进行第二次剪砧，从嫁接口处，以 30°角外斜剪去留下的砧桩。春季和 5～6 月腹接的，在接芽成活后进行第一次剪砧，第一次梢成熟后进行第二次剪砧。

（5）扶苗：接芽抽生后，在砧木一侧立 60～100 厘米高的竹竿做支柱，将新梢用塑料带以"∞"字形捆于竹竿上，以免新梢弯曲。

（6）摘心、整形：当嫁接苗高 50 厘米时，进行摘心，一般在 7 月上中旬。摘心后抽生的分枝，在主干的不同方向留 3～4 个分布均匀的分枝，多余的剪除。要注意最低的第一个主枝必须离根颈部 20 厘米，最高不超过 30 厘米。

（7）肥水管理：从春芽萌发前至 8 月，每月施肥一次，以速效肥料为主，尿素＋腐熟人畜粪尿或施油枯腐熟液。8 月下旬以后不施肥，以免抽生冬梢。干旱季节适时灌（浇）水使土壤保持湿润。

（8）病虫害防治：幼苗期喷 3～4 次杀菌剂防治苗期的根腐病、立枯病、炭疽病和流胶病等；虫害主要有螨类、鳞翅目类，可针对性用药。对进出温、网室的人员要进行严格消毒。

6. 苗木出圃　按照《柑橘脱毒苗》农业部行业标准，即嫁接高度≥10 厘米，主干粗度≥1 厘米，苗高＞60 厘米，主干高度（即第一分枝高度）20～30 厘米，主干以上有分布均匀的主枝 3～4 个，根系完整，细根发达，≤0.1 厘米的细根鲜重≥全根系重的 15％。苗木要求品种纯正，无检疫性病虫害及柑橘潜叶蛾，红、黄蜘蛛等虫害。苗木出圃时，对苗木的品种、砧木、嫁接日期、出圃时期、定植去向等情况进行详细记载。

第四章

柑橘高标准建园

一、园地选择与规划

（一）园地选择

栽种柑橘的建园是基础工作。根据柑橘生物学特性对栽培环境条件有一定的要求，因而在确定园地地点时，必须有所选择。选定园地时，可着重考虑以下因素：

（1）年平均温度 16.5℃以上，绝对最低温度≥−7℃，≥10℃的年积温 5 000℃以上的小气候区。

（2）海拔 150～350 米的向阳山坡，坡度以 25°以下为宜，10°～15°的缓坡地较好，平地建园要求地下水位 1 米以下。

（3）一般选择土壤深厚（80～100 厘米），土质疏松肥沃，有机质含量最好在 1%以上，pH 为 5.5～6.5 的沙壤土为好。

（4）交通方便，靠近溪流、水库、山塘等水源充足的地方。

1. 园地选址 选择丘陵山地是介于平地与山地之间的一种地形。由于地势的起伏，常有一定的坡度，如缓坡（5°以下）、斜坡（5°～20°）、陡坡（20°～45°）和峻坡（45°以上）等。坡度不同，土壤和水分状况也有差异。一般坡度越大，松土层越薄，水分条件较差，开发利用时水土保持工程也较大，果园管理不便。因此，10°以下的缓坡地建园最为理想，大于 10°至 25°以下的坡地也可建园，但在 25°以上的陡坡则宜种植用材林。

规模较大的果园，最好选择地势变化不太复杂的带状浅山地带，以便于建立道路和灌溉系统，便于实行机械化操作，提高生产效率。果园不宜建在低洼地、郁闭山谷或狭小盆地。这些地形或因地下水位过高，或因霜害严重，或因光照不良而影响果树正常生长结果，最好选择地面比较开阔的缓坡地。

2. 土壤 良好的土壤条件是建成高产稳产柑橘园的基础。土层深厚、疏松肥沃的土壤，例如沙壤土、黏壤土、砾质壤土等最适于柑橘生长。湖南省泸溪县属于湘西山区，丘陵山地多为红壤、黄壤和紫色土。泸溪县成土母质有：一是紫色砂页风化物占 72.4%，二是石灰岩风化物占 8.1%，三是板岩风化物占 11.7%，四是砂岩风化物占 6.6%，五是河流冲积物占 1.2%（数据来源湖南省泸溪县土壤志，1983 年版），由此可以看出泸溪县以紫色土为主，柑橘主要种植土壤为紫沙土。红壤、黄壤的有机质含量较少，质地比较黏重，酸性大，钾含量较高，但氮、磷含量低。紫色土的肥力较好，尤其是磷、钾含量较高，但质地疏松，保水性差，容易流失。这些土壤虽然都有其缺点，但是，只要在建园前后注意有计划地加以改良，是完全可以满足柑橘生长要求的。

由于柑橘对土壤条件有一定的适应性，需要在了解当地土壤类型、土层深度、土壤肥力、土壤酸碱度、地下水位高低等土壤因素的基础上，确定栽培品种，以及采取相应的改良措施。

3. 水源 柑橘根系较深，有一定的抗旱能力，但由于树体较大，枝叶生长和果实发育过程中需要消耗较多的水分，土壤经常保持田间最大持水量 60%～80%最为适宜。由于全年降雨量不均匀，干旱季节能否及时灌溉是影响柑橘产量的重要因素。因此，不论柑橘园规模大小，都应选择能解决水源的地方建园。在靠近河流、溪流、水库等大水体的地方，一方面可以解决果园用水问题；另一方面由于水的热容量大，可以调节小气候，减少小气候变化幅度，夏季因水分吸热，能降低气温，冬季则因放热而可提高局部气温，减轻冻害，这对耐寒性较弱的柑橘类果树最为有利。如果园地附近没有水源，则应考虑修山塘、水库或开发地下水源等可能性，切实解决水源问题。

4. 气候条件 气候因素如温度、降水量、光照、风以及其他灾害性天气等，与柑橘生长结果都有密切关系。选建柑橘园，特别是建立大型柑橘园时，需着重调查该地区的温度状况。因柑橘正常生长需要年平均温度不低于15℃，尤以冬季的绝对低温是构成能否栽培柑橘的限制因子。－9℃以下时，就有冻害的危险。因此，建立柑橘园时必须更为慎重。大风也是灾害天气，常常造成严重落果、断枝，加剧旱害。故必须掌握当地主要风向、风力等情况，以便在规划柑橘园时采取相应措施。

此外，在建立规模较大的柑橘商品生产基地时，应尽可能与附近公路、铁路相连接，便利生产资料和产品外销的运输。

以上是选择柑橘栽培地点时应当考虑的一些外界环境条件。但是，不能强调客观条件而忽视主观能动性。只要充分发挥人的因素，立足"改"字，不良的因素也是可以进行转化的。

（二）园地规划

修筑必要的道路、排灌和蓄水、附属建筑等设施。

坡度在25°以下的山地、丘陵地应修筑等高梯田，台面宽3～4米，梯田前筑梯埂，梯面略向内倾斜，梯田最高一层上面修拦洪沟，沿盘山道路内侧开好排水沟。栽植行的行向与梯田走向相同。梯田水平走向应有3‰～5‰的比降。沿种植行向开挖深80厘米，宽100厘米的壕沟，每立方米分二层压入山青绿肥50～100千克、石灰1～2千克。

在柑橘园地点确定以后，必须进行具体规划，以便有计划有步骤地开展建园工作。

要搞好规划工作，规划前必须充分调查和收集有关园地面积、土壤类型、地形地势、水利条件、气候因素等基本情况，然后进行现场踏勘。规模较大的果园，首先勘测图面资料（地形图的比例尺，1 000亩以下宜用1/1 000；1 000～5 000亩用1/2 000；5 000亩以上用1/5 000），以便把现场规划和图面规划结合起来，提高规划效率和质量。其次要用全局的观点和长远的观点来规划柑橘园，明确发展方向，力求达到坡地梯田化，运输机械化，灌溉自流化，品种良种化的"四化"要求。

在以柑橘为主的前提下，合理安排其他生产项目，以便做到"以短养长""以园养园"，减少投资，提早收益，多出效益，为橘农增加财富。

柑橘园规划的内容：主要包括道路规划、作业区的划分、水利系统规划、其他建筑物的布局、品种的选择和布局。现将规划要点分述如下：

1. 道路系统 建立合理的道路系统是实行柑橘园运输管理机械化，提高生产效率，减轻劳动强度的重要措施。果园道路，应当按照果园规模大小等实际情况进行规划。其规划的原则是：

①道路布设的位置要适当，提高运输效能。

②道路应尽可能短而方便，缩短运输距离，节省用地，减少修路费用。一般果园道路占地面积约4%～5%。尽量不占用土壤条件好的地块。

③道路应与灌溉渠道、园块边沿作业区相结合，尽量减少重复用地、无效用地，与护林带相结合。

④果园道路一般由干道、支道和步道组成全园的道路网。

干道：是全园内外的交通要道。一般设在园地中部，贯穿于每个作业区，并与场外公路、铁路相衔接。坡度较小而且起伏不大的丘陵地，干道宜设在山脊，反之则可设在山腰或山脚下。干道宽度6～8米，宜供两部汽车来往对开。转弯处路面弯曲半径不应小于10米，纵坡设计不应超过12%。中、大型果园一定要设立干道。

支道：是园内运输的主要道路。应尽可能通往每个山头，与干道相连接，宽度3～4米，可供拖拉机等机动车辆通行。坡度较大时可修成"Z"字形，但弯曲半径不得小于5米，纵坡不宜超过20%。一般20～30亩范围内设一条或隔数条步道布设一条支道。

步道：是日常管理的人行道，也是梯田规划的划区界线，根据地势纵横布设，并与支道相连，一般宽度1.0～1.5米，间距60～80米，地势平缓适于机械作业的间距可200～300米。步道可设在山脊、山谷、谷边和山腰等地方。布设的形式有顺坡，横坡，斜式等。一般在缓坡地采用顺坡布设，陡坡地采用斜向或成"Z"形布设，在山腰加设的步道多为环山道，一般按等高线布设。

道路系统必须在现场进行反复踏勘的基础上确定方案，再行定线施工。

2. 柑橘园作业区和小区的划分　为了便于生产管理，将柑橘园划分成若干个作业区。作业区的划分，按照自然地形地势及结合道路系统来划定。各作业区面积的大小大体上做到平衡。

柑橘园小区是进行分区栽培的一个单位，划分小区的目的是为了便于田间管理。小区的大小，形状要与地形、土壤及小气候特点相适应，并且要与道路系统、水利系统和梯田布设结合起来。面积只有几十亩的小型柑橘园，在自然环境基本一致的情况下，不必强求划分小区。但是面积较大，尤其是地形变化较大的丘陵地，必须进行合理的划分。小区面积一般可在30～100亩，但是地形变化比较复杂的，则可缩小在30亩以下。按照地形、土壤的具体情况进行区划，小区的形状以近带状的长方形为好。

3. 排水灌水系统　泸溪属于山地柑橘园，根据丘陵山地水土容易流失、容易干旱的特点，建立水利系统是一项重要的基本建设。规划时要与道路系统相结合，形成一个"长藤结瓜"，沟渠相连、沟渠相通，能蓄、能灌、能排的完整系统，达到春季能蓄水、排水，小雨、中雨不出园，大雨、暴雨不冲梯，夏秋干旱能灌溉的目的。

（1）蓄水设施：①利用园内地形和水源，规划修筑山塘集水池，做到长蓄短用。山塘一般设置在山谷，山谷集流面积最大，能把多余的雨水流入塘内。山塘的大小根据水源和集雨面积而定，水源不足的山塘应与沟渠连接，以便贮水蓄积备用。②柑橘园10～20亩布设一个容水量可达50～100米^{3}的水池。池与渠道相连，所蓄之水可供喷药使用，也可在集流面较大的地方修建小型水池，用来蓄水灌溉。③在坡度较陡的林地交界处应挖隔离沟，可达到截洪、蓄水、沉沙的作用。隔离沟的大小依上部林地集流面积而定。一般沟深0.5米，宽0.6米，按1/5 000比降设置。为了拦蓄泥沙和减少冲刷，沟内每隔一定距离用窑砖或石块砌成小挡水墙。截洪沟与纵沟相连，多余的水经纵沟引入山塘或排出园外。

（2）排灌设施：①排灌系统的布设尽可能与道路相结合。②输水系统根据灌溉面积、扬程高低，确定供水系统规格、安装数量和位置，布设蓄水池和输水渠道。干渠的位置尽可能高，以增加灌溉面积，长度尽量要短，以节省材料，减少输水损失。

为了保证山地柑橘园灌水时能自上而下逐梯灌溉，避免因漫灌冲垮梯壁造成塌方，应修设纵水沟。纵水沟一般设在步道或支道的旁边，它与渠道、隔离沟和梯面背沟相通，能灌能排。纵水沟的宽度和深度应视排灌水量的大小而定，一般宽深均为 0.6 米，纵水沟为了既能灌溉又防止冲刷，应在每块梯田的背沟入口处下方，修建一个分水闸，闸的下部用砖或石块砌成高 0.4 米的挡水墙，起拦蓄泥沙和防止冲刷的作用。分水闸的上砖砌成能插闸板的夹墙，闸顶应略高于该级梯田的梯面，高 0.1 米。在需要灌水时，在闸上插入木制活动闸板，造成截流，抬高水位，当水上升到背沟高度时，水则顺沟流入，背沟灌满后，逐渐灌入梯田。当梯田灌好后，拦截的水位已超过闸高，水便跌入下段纵沟向下梯田灌溉。

为了适应机械作业，纵水沟最好采用暗沟形式配置。暗沟由管道（瓦管、水泥管或砖砌均可）和小方池口要低。小方池下方还应能安插活动闸板，以便使用时插上，使水经背沟流入梯田；排水时，梯面多余水经横水沟进入方池，由暗沟向下排出。柑橘树滴水灌溉（滴灌）是一项新的灌水技术，即在一定水力的作用下，通过压力泵和铺设的塑料管把灌溉水（或化肥）一滴一滴地、缓慢地、经常地浸润果树根际土壤。滴灌能按柑橘树的需水量供给，克服通常采用的沟灌、漫灌等方法的缺点，具有保肥、保土、用工少、节省灌溉用水等优点，尤其灌入土壤中的水分利用率高达 100%，因此，滴灌是一项先进的灌水技术，也是现代农业新建柑橘园最优考虑的排灌方式。

4. 基地及其他建筑物的布局　基地场部是全场的管理中心。场部地点宜设在交通方便、位置适中、可以通向生产区的地方。生产建筑物选择地点，如各个作业区的生活住房、加工厂、果实包装坊、贮藏舍、仓库等，应当从长远打算，本着节省用地，不用好地，勤俭办场来确定。生活住房应考虑方便职工出工以及靠近水源、交通方便等条件，贮藏库要考虑缩短采收后运输入库的距离，提高入库效率，降低挑运劳动强度；果实包装场应按照栽培面积分区合理布局。包装场面积的大小应根据柑橘树进入盛果期后平均单位面积产量以及每平方米一般容许堆高的重量估算。柑橘入库时一般容许堆高 0.7 米左右，每平方米可容纳 250 千克左右，通常边堆边分级包装出库，一般经常只堆放 1/3 的地方。山地柑橘园的猪舍，可按一亩一猪的原则，应尽可能在各个主要山头，以便于粪肥下运入园。

各种基建用地确定以后，暂时未动工的，不宜栽植柑橘树，可暂时用于育苗或蔬菜、饲料用地，以免日后毁树建房，造成损失。

5. 实行品种良种化 泸溪辛女柑橘（8306、8304）、早蜜椪柑、纽荷尔脐橙、黄金贡柚等是湖南省湘西土家族苗族自治州重点推广的优良品种，这些品种丰产性高，适应性强，果实品质优良，外形美观，市场竞争力强，售价高。

建立柑橘园时，从近 20 年的气象资料来看，泸溪存在着周期性（10 年 1 周期）大冻的威胁，则应充分考虑防止冻害的问题，同时根据柑橘树对土壤和水分条件要求比较高，以及各种类、品种抗寒能力不同等实际情况进行合理布局。泸溪山地的山腰和山脚土层一般比较深厚，南坡避风向阳，这些地段最适于柑橘生长；东、西坡次之；低洼谷地和相对高度较大而且迎风的北坡，一般不宜栽植柑橘，尤其是低洼地，冬季易因冷空气沉聚和霜冻严重而受冻。

6. 防护林规划 建立防护林，主要在于阻挡气流，降低风速，达到防冻、防风、防旱的作用。据测定，通过防风林后，风速可降低 25%～50%，园内的相对湿度也有所提高。因此，在栽培柑橘容易发生冻害的地区，特别是滨湖地区，建园时可根据地形地势等具体情况，规划和营造防护林，这也是防止冻害的措施之一。

防护林的防护效果与林高呈正相关。在一般情况下，背风面的防护范围一般为树高的 25～35 倍，迎风面一般为树高的 5 倍。防护林应设置在迎风的方向,其走向与主要风向垂直,这样的防护效果最大。不过,由于地势的变化有时不可能垂直配置而需要适当倾斜,但要注意不宜超过主要风向30°以上的偏角,以保证防护效果。防护林应尽可能设置在高地分水岭及边沿地区,根据需要设主林带和副林带,结合道路系统布设,力求节省用地。

防护林带的结构有不透风林带和透风林带两种。不透风林带由乔木和灌木配合栽植,构成上、下密闭的"林墙",使气流越顶而过,这种林带的防护范围较小,但在有效范围内防护效果较大。透风林带是营造上密下疏或透光度20%左右的防护林。其防护范围较不透风林大,但在有效范围内的防护效果不及前者。

防护林的树种,应选择适合当地自然条件、生长迅速、树冠直立,紧凑,寿命长而且有较高经济价值者。湖南省泸溪县适于营造防护林的树种很多,落叶乔木如檫树、乌桕、苦楝、臭椿、麻栎等,常绿乔木或灌木如樟树、杉树、柳杉、松树、枇杷、杨梅、酸橙、苦槠、竹、油茶、女贞等。柑橘的防护林主要用于防寒,因而宜采用常绿树种。具体配置时,常将高大的速生树种栽在中间,小乔木或灌木栽在两侧。主林带可栽植2～3行乔木。一般行距1.5～2米,株距1～1.5米,灌木树种行距同上,株距0.5～0.75米。栽植防护林时,要保证质量并加强管理,以加速生长,尽快发挥防护作用。为了避免根系伸入果园行间和遮阴,防护林带应距离果树6～10米,并在林带与果树间挖一道隔离沟,以防根系伸入果园。

二、园地建设

(一)梯田建园

水平梯田就是将倾斜的坡地沿等高线一层层修成台阶或平地。开山造田,征山治水,坡地梯田化不仅是一项水土保持措施,也是山地柑橘园的重要基本建设。

水平梯田的主要作用:第一是拦泥蓄水,避免冲刷。根据实践在梯田上做喷灌试验,在连续喷水3小时,相当于60毫米降水量的情况下，不但无径流产生，田面亦无积水，使每块梯田都像一个小蓄水库，既沉水，又保土、保肥，柑橘园实行坡地梯田化，可达到水不出园，泥不下坡的目的。第二是便利耕作，易于灌溉。水平梯田具有长条形田块和地面平整等特点，便于进行机械化操作和进行深翻改土，精耕细作，也有利于进行自流灌溉，提高灌溉效果。第三是增加地力，高产稳产。坡地变梯田，可使"三跑地"（跑水、跑土、跑肥）变为"三保地"（保水、保土、保肥），因而提高栽培管理效果，有利于实现高产稳产，提高柑橘品质。

（二）水平梯田的规划设计

1. 规划

①梯田必须规划在坡度 25°以下的坡地上。对于 25°以上的陡坡地，应考虑造用材林。若坡面夹有少量 25°以上的坡地，为了使梯田连片，便于耕作，进行改造成水平梯田。

②梯田的布设，按照坡地地形的变化情况，把梯田、道路和水沟紧密结合起来，统一规划，做到梯梯相接，沟沟相通。

③利用原有地形，采取"大弯随势，小弯取直"的原则，左右兼顾，力求使相邻两梯连接起来，集中成片。梯田的长度依果园小区地形变化情况而定，一般以 50~80 米为宜。

④一座山，一面坡要一次性统一规划，然后一次修完，分期施工，最后实现规划到位。

2. 规划要点　主要根据地形特点因地制宜进行规划。

①在鱼脊梁形的坡地（即坡面中间高起，两侧为较陡的斜坡），梯层应由山梁的两侧自下而上分层沿水平线布设，直到梁顶。梯埂可从坡度较陡的一侧开始，沿等高线绕过山梁伸到另一侧，修成舌形梯田块。

②在近似圆形馒头的山岗坡地，梯田可自岗顶自上而下一层一层沿等高线绕圆布设。由于坡面有陡有缓，规划时从陡坡开始，确定并保证梯面宽度，由上而下，向左右延伸定线。

③在坡弯地（即坡面上有许多侵蚀沟，形为波浪起伏）布设梯田时，为了不使梯面过于弯曲，定线时只要大致沿等高线，大弯随

势小弯取直，遇到凹地，埂线向下移动，遇到凸地，埂线向上移动，这样施工时就可以取凸填凹，裁弯取直，做到田面平直，土料均衡，尽量做到在等高线上成梯田。

④在三面高，一面低的簸箕形坡地，若集水槽深，梯埂适当向上弯，若集水槽不深，则不必上弯，可修成直埂，虽然增加一些土方，但便于耕作。

⑤在两山之间连接处的鞍部坡地，梯田从鞍部开始规划，接着再向上和向下逐台进行定线，使两山在鞍部以下的梯田互相能衔接。否则，若从上向下或自下而上规划，两山的梯田很难于在鞍部巧遇在一条水平线上，使梯田坡地分割，不便耕作和灌溉管理。

具体定线时，可先找出鞍部中心最低点甲，接着在鞍部两侧低于甲点 1.0～1.5 米处分别找出两点乙和丙作为这台梯。

3. 水平梯田设计 水平梯田由梯面、梯埂、梯壁和背沟等部分组成。

梯田的设计应以省工、费地少、效益大、稳固安全、耕作管理方便等条件确定。

梯田的规格，主要包括梯面宽度，梯壁高度和梯壁侧坡三个方面，而三者是密切相关的。

设计梯面宽度时不宜过宽过窄。梯面愈宽，耕作愈方便，但梯壁不易稳定，土方量大，熟化土层也不好保留，梯面过窄，则梯壁占地多，不便耕作管理。因此，梯面宽度应根据坡度的大小、土层的厚薄以及柑橘栽植时所需要的行距等方面决定。

在坡度相同的情况下，梯面增宽，梯壁高度也相应增大。设计梯壁高度时，同样要根据坡度大小、土质好坏和熟化土层厚度因素综合考虑。

梯壁必须保持一定侧坡才能稳固安全。梯壁愈高，侧坡就要愈缓，一般采用 60°或 70°较为安全，费地也较少。沙质土黏度小，侧坡可较缓，黏质土，侧坡可较陡。石砌梯壁可采用 90°。

4. 梯面宽度和梯壁高度的设计 由于柑橘是多年生植物，栽植时多用长方形或宽行密株等方式定植。梯田设计时，先根据柑橘树行距宽度的需要，结合坡度、土壤的具体情况确定梯面宽度，推算梯壁高度，修建等宽不等高（指梯壁不等高）的梯田；也可以先确定梯壁高度再推求梯面宽度，修建等高（梯壁等高）不等宽的梯田。柑橘生产上多采用前一种方法，推算梯面宽度、梯壁高。

根据原坡面坡度和需要的梯面宽度以及确定的梯壁倾斜度，便可推算梯壁高度、梯壁占地以及坡面斜距。

5. 水平梯田修筑步骤

（1）测定坡度，确定梯宽：修梯前，了解山坡各个地段的坡度，然后按照栽植柑橘树需要的行距确定梯面宽度。坡度小的缓坡地，梯面可适当加宽，增加栽植行数，反之则相应缩小，以达到所需行距为度。在坡度相同的情况下，梯面越宽，梯坎越高，修筑的工程也越大。因此，在山坡坡度不一致时，应分段确定梯面宽度，使修梯工作量不致过大，既能达到水土保持的效果，又便于田间管理。测定坡度的简易工具很多，通常采用测坡器。

（2）划出基线，定好基点：在梯田定线地段的坡面上，从坡脚至坡顶划一直线，称为基线。如果坡面均匀，基线可放在坡面中央，反之，则应放在山脊或山谷坡度最陡的地方，以免出现梯面过窄的现象。同一区内有多条基线的，其坡脚起点均匀等高。基线位置选好后，在其坡脚及坡顶两端点打下木桩，划出基线。

（3）测定梯线为等高线：从基线上已定好的基点为起点，左右展开测定许多等高点，再把等高点按照"大弯随势，小弯取直""凹下移，凸上移"的原则调整，连成等高线。测得的等高线就是修筑梯田时的梯基线，也即是梯壁填挖的分界线。定线顺序一般是从坡地顶端开始，逐台定下梯线。

测定等高线，可用水准仪，也可用简易测坡器、三脚架、手持水准仪等简易工具或者用水准仪每隔若干基点测一标准等高线作为控制线，控制线之间各等高线则用简易工具测得，这样既能保证质量，又可提高测线效率。

简易测坡器是目前修筑梯田时用来测定坡度和等高线的简易工具。

三脚架：预制一等腰三脚架，中间置一水平仪。使用时，先将一端固定在基点上，再上下移动另一端，当水平仪的水泡居中时，二点即为等高点。

连通管的使用，是利用连通管二点同在一水平上则二管的水柱必然等高的原理，由两人各持一管，从基点开始，先将一点固定在基点上，另一人持管于坡面上下移动，当两坡管水位等高时，则可得等高点。

（4）逐级修梯：修筑水平梯田，通常是从上而下（石壁梯宜自下而上）逐层修筑。填挖时通常是内挖外填，半挖半填。修筑工作包括修筑梯壁、平整梯面和筑埂开沟等。

①修筑梯壁：梯壁修筑的质量对梯田的稳固性关系很大，必须加强质量保证。筑壁材料可就地取材，一般可用泥土或石块。

泥土筑壁：在测定的梯基线上挖一条宽 0.4～0.5 米，深 0.3 米的沟，并将沟底土往上挖松，填入的新土与老土能紧密结合，梯壁牢固。

开始筑梯壁的土一般从梯基线的下方取得，待修正一定高度后，再从本梯内侧取土。筑壁的土层要层层踩紧或夯实，踩紧或夯实的宽度应为 0.5 米，边筑壁边挖填梯面，修成后，再在雨后土壤湿度适当时捶捏拍实。

石块砌壁：在便于取石的地方，用石块砌壁虽费工较多，但梯基牢固，土地利用率也高。砌壁的方法是先清基，后砌石，自下至上逐梯进行。

清基时在梯基线上挖一条宽 0.5～0.6 米的平沟，再将沟底夯实，而后逐层砌壁。砌石的方法是，底石要大，里外交叉，条石平放，片石斜放，圆砌品形，块石压茬，石缝错开，嵌实咬紧，小石填缝，但勿塞土，填饱卡实，大石压顶。在山谷处砌筑梯壁，一定要砌成弓形，弓背指向上游。石砌梯壁的坡度可为 80°～90°。

②平整梯面：为了做到半挖半填，首先应找出开挖点，即不填不挖之处。开挖点一般在两梯基线的中间，但经调整梯基线的地方，只能取原线中点，同时还要将两边的土适当往加宽的地段运

送。平整后的梯面要求外高内低，外埂内沟（埂宽 33 厘米，高 17 厘米，背沟宽 33 厘米，深 17 厘米）。外高内低的坡度 2°～3°（3％～5％），并应包括梯面外侧填土的沉落差（一般填土 1 米沉落差 0.06～0.12 米）。

必需指出的是，平整梯面时，往往将梯面内侧的松土层全部移于外侧，剩下的全为板结而肥力差的底土层，故平整梯面时，应将内侧紧土层普遍深垦 0.5 米以上。

6. 水平梯田的养护

（1）有计划地进行深耕结合增施有机肥料，改良土壤，增加土壤保水保肥能力，提高梯田在暴雨中蓄水量，减少径流产生，防止造成土壤冲刷。

（2）注意防止梯壁崩塌。新修梯田往往由于梯壁高差过大，侧坡过陡或梯壁不紧实，在弯部没有采取加固措施，引起梯壁崩塌，必须及时检查，找原因，采取相应护壁措施。

（3）及时清理背沟，防止流水淤塞，遇暴雨时能排入梯边纵沟，梯埂则需经常培修打紧。此外，梯壁上的植物除毛竹、丝茅草等危害性大的植物必须清菟挖净外，对一般的植物只能适当刈割，不能用锄头铲修，以免加剧梯壁冲刷。

（三）土壤改良

泸溪山地柑橘园土层一般比较浅薄，必须进行深沟压绿改土，提高土壤肥力，为柑橘生长创造良好的生态条件。深沟压绿改土的主要方法有人工开沟撩壕和机械开沟撩壕。

人工开沟撩壕在梯田中央挖一条深 80～100 厘米、宽 100 厘米的横沟，然后分 2～3 层压入柴草、山青、垃圾、土杂肥等粗有机质，一层料，一层土，每层厚 10～20 厘米，并撒些石灰，一般每立方米填入山青、柴草等有机质 25～30 千克，磷肥 0.5 千克，石灰 0.5 千克。每亩需压绿 6 000 千克，磷肥 100 千克，石灰 100 千克。压绿以后，填土要高出地面 30 厘米，待 4～6 个月后，再定植柑橘，以免土壤下陷，影响幼树生长。

如果采用先撩壕后整成梯田，可从最下一条等高线开始，在等高线的下侧挖 20 厘米深的表土，将梯壁基整平，然后在等高线的上方挖 1 米宽、1 米深的壕沟，将新土堆放等高线下方取表土的地方，并一层层夯实，作为梯壁。然后挖高填低，把梯面整平，沟深 1 米左右。再将第二梯层内坡面的表土挖 20 厘米直接填入第一条壕沟内。由下向上挖第二、第三条壕沟，依次挖完。之后分层压入山青、柴草、农家肥料、磷肥等，并撒石灰，整成内低外高的倾斜梯面，并将全园进行一次深翻，内侧挖好 30 厘米宽、20 厘米深的壁沟。

机械开沟撩壕主要适宜坡度相对较小（25°以下）的坡地或平地。其具体操作是：首先选择有代表性的一侧坡面，在其顶端确定一条相对水平的等高线，作为基地的基线。挖机入场后，先从山顶的基线开挖，然后逐梯向下开挖，使挖出的梯田基本处于等高状态，最高处与最低处相差不超过 1 米。梯面宽 3.5 米以上，深 0.8～1 米，梯面外高内低，相差 20 厘米，整体平整。挖机在梯田开挖时，可先挖一条宽 1 米以上，深 0.8 米以上的壕沟，挖壕沟时，注意将表层土及毛草放在梯田内侧，挖出的新土放在梯田外侧。然后用挖斗把梯田周围青草全部压入槽内，过后再把梯田内侧坎上的土全部覆在山青上，并及时平整好梯面。压青部位上面的填土要高于梯面 30 厘米，内侧适当挖松，梯壁毛草挖干净。同时也可根据实际情况，对山地植被较好，绿肥充足的山地实行全面开垦。翻耕时挖斗先连草带土一起挖起来，然后翻转把表层土及山青压在底部，边挖边整梯面，外部略高内部。翻挖深度 0.8 米以上。外侧坎 30 厘米不挖，并把梯田中粗石头堆放在上面，防止挖松后雨水冲刷造成水土流失。翻挖过程中不能留隔墙（造隔土方）。挖地过程中，在连片 5 亩以上梯田选择过路水集中一带开挖蓄水池，蓄水池容积在 30 米^{3}以上，便于抗旱打药。

机械开沟撩壕注意事项：①充分利用土地，合理安排。机械能挖地方尽可能挖，山坡地根据坡度不同，梯面可控制在 3.5 米以上，能挖的地方，梯壁水平宽度不能超过 1 米，实测与构图面积误差在 5％以内，使用面积达 95％以上。②坡度大的山坡尽可能不开上山顶，以保护水土。③要注意林地的保护。④植被较少和无绿草的荒地，尽可能从外地取材压绿。

三、柑橘树种植

（一）种植密度

泸溪柑橘实行标准化栽培，一般坡地每亩栽 60～70 株，平地每亩栽 50 株左右。

（二）种植时期

泸溪柑橘一般选择在春、秋两季定植。这时柑橘树处于相对休眠状态，树体内的贮藏营养比较多，气温比较低，呼吸强度减弱，水分蒸发消耗少，栽后容易成活。生长期种植，由于断伤根系，破坏吸收机能正常活动，地上部新梢嫩叶的蒸发强度大，失水多，极易凋萎枯死，栽后不易成活。查阅气象资料如果当年没有冻害威胁，以秋季种植最好，一般在梢停止生长后即 10 月中旬至 11 月上旬种植，栽后根系伤口能及时愈合，第二年春季即可萌芽生长。在有冻害威胁的时期和年份，则以春季种植较好（2 月下旬至 3 月上旬）。

（三）种植方法

保证种植质量，是关系到定植后能否成活和正常生长，达到提早成形、提早结果的重要环节。根据实践经验，种植时应当做到"三大"，即大穴、大肥、大苗。

1. 大穴　定植穴的大小深浅，对柑橘树定植后的生长影响很大，特别是在土壤条件较差，土层较薄的丘陵山地，定植穴一定要挖深挖大。

2. 大肥　定植时一定要施足底肥，保证面肥。在深耕的基础上结合施足底肥，对加深和扩大根系生长范围，效果是十分显著的。定植前按株行距挖好定植穴，每穴填入土杂肥或猪牛粪、沼气渣 15～20g 千克，饼肥 1.5～2 千克，磷肥 1 千克，并与土壤充分拌匀，把定植穴整成高出地面的小土墩。

3. 大苗　种植的苗木除品种必须优良纯正外，选用根系发达，枝梢粗长的壮苗和无检疫性病虫的嫁接苗，最好是种植脱毒苗木。小苗应经假植一年后培育成大苗带土定植更佳。柑橘苗要求高 50 厘米以上，茎粗 0.8 厘米以上，具 3 个以上分枝，并要求苗木根系发达，主根长 15 厘米以上，侧根 3 条以上。

如果移栽大树，一定要带土球。土球大小依树冠而定，土球出土前要用草绳捆绑，使土壤不致散落。

具体种植时还应注意以下几点：

①种植前对苗木进行处理。种植前，离嫁接口 20～30 厘米处定干，结合整形，剪除嫩梢，摘除伤叶，同时剪除伤根，剪平伤口，剪除过长主根。

②定植深度要适当。如果新开垦耕地尚未沉实，种植时则应适当提高苗木定植位置，防止下陷。栽后露出嫁接口 5 厘米左右。但也不宜栽得过高，以防根系外露，易受旱害，影响生长。

③要使根系与土壤密接。种植时先在定植穴小土墩上挖一个稍大的穴，将修剪后的苗木放入穴中央，扶正，根系向周围展开，不能扭曲，以肥沃松土回填以后，再将苗木轻轻上下提动，使细土充分进入根系孔隙内，然后稍加踩紧。种植大树时，则要用小木棒填土，使土壤填满土球下部和周围，避免上紧下空，造成"吊气"。

④浇足定根水。苗木定植后，要马上浇足定根水，然后两三天浇一次，连续三次，以保证成活（阴雨天不需浇水）。

⑤加强栽后管理。定植后要及时灌水防旱，设立支柱防风，结合整形，修剪部分枝叶，减少水分蒸发；秋季种植的柑橘苗要进行防寒，春季萌芽前后要及时追肥等。

第五章
柑橘的土肥水管理

一、精细培育幼龄柑橘园

柑橘苗入园定植后，早结果早收益，是橘农的愿望所在。泸溪柑橘是泸溪县农业支柱产业之一，承载着泸溪县产业扶贫与产业致富的重要使命。

从柑橘本身的生物学特性来看，除实生苗因其具有童期的特性，进入结果期较迟（一般约需6～8年以上）外，嫁接苗营养繁殖的苗木，其发育阶段已经成熟，通过加强土肥水管理，提高栽培的科技含量，经过2～3年的营养生长期，树形可以初成，分化花芽，开始结果，随着树冠的扩大，侧枝增多，6～7年可进入盛果期。泸溪武溪镇五里州四队8年生冰糖橙每亩达2 300千克，经过多年的实践证明，只要栽培措施得力，可以实现柑橘定植后3年结果，5年丰产，8年盛果。

促进幼龄柑橘园早成形、早结果、早丰产，建立、管理好柑橘园是根本保证。在栽培技术上应着重抓好以下措施：

（一）选择优质壮苗

优质壮苗带土上山，高标准定植，是保证成活、加速生长、快速成形、早结丰产的必要措施。施足基肥，多次追肥，中耕除草，及时抗旱，防治病虫，抹芽定干，选留主枝，培养具有密生的侧根群，适当高度的粗壮主干和3～4个生长健壮、分布均匀的主枝，初具树形的大苗（或者容器苗）定植。壮苗带土种植以后，新根能及时生长，新梢能按期萌发，幼树生长快，是实现早结果的基础。

（二）标准化种植

采用宽行密株栽培方式，一般每亩栽 60 株左右。为了达到柑橘园早受益，在柑橘园新栽小苗采用盖防草地布，不仅可以防草，还具备防病防虫防水土流失，保湿的功能。当树龄 4～5 年时，土地利用率大大提高，每亩产量达 2 000 千克左右。至 10 年生柑橘时，树冠覆盖率达 70%～80%，有计划地培养低矮树冠。我们多年研究数据证明，树冠体积在 8 米³ 左右时，几乎没有无效容积，随着树冠总容积增加，无效容积也随着增加，说明树形过大并不一定能提高单位面积产量。只要种植密度合理，土地利用率适当，单位面积内有效容积不会减少，反而有所增加，产量也不会低。因此，利用枳砧木或其他矮化砧木，以及采取其他相应措施，养成低干矮冠，立体结果的树冠结构，就能提高单株产量，延长丰产年限。充分利用早秋梢成为良好结果母枝的特点，通过抹（夏）芽，放（秋）梢，抑制树冠扩大，降低分枝部位，促进分枝数量，养成低矮紧凑树冠，既是获得高产，又是抑制过早封行的有效措施，而且便于采摘等。

（三）改良土壤

柑橘对土壤肥水要求较高。泸溪属于湘西山区，柑橘种植以山地为主、山地松土层浅，有些瘠薄的山地腐殖质含量仅 1% 左右，全氮 0.1% 左右，全磷 0.01% 左右，全钾 0.5%～2%，氮、磷含量不足，保肥保水性较差。这样的山地土壤，必须进行改良，苗木定植前后，必须加深松土层、改良土壤结构、提高土壤肥力，创造有利于柑橘根系生长的养分、水分和通气条件，改良土壤是最基本的措施。长期以来泸溪县采用深耕施肥、改良底土和种植绿肥、合理间作，与改良表土相结合，效果明显。

1. 深耕改土 深耕结合压菁或施用有机质肥料，能够达到改良土壤的目的。深耕改土，时间在种植前对定植进行开沟（宽×深各 90 厘米）深耕后，分三层压绿，底层可用原来的表土填压粗菁或农作物茎叶稿秆；中间层部分底土及表土填压嫩菁或半腐熟的有机杂肥；上层用底土加腐烂的堆肥或者肥沃客土，在分层填压稿秆、粗菁和半腐熟杂肥时，配合施用 2%～3% 的石灰和少量的钾肥、过磷酸钙腐熟畜类粪水等，以加速有机质的分解和增加磷、钾含量。有机质肥料的施用量，每立方米的压绿 100 千克左右。如果最底的土壤结构太差，用客土更换。

深耕结合施用有机质肥料，能够有效地改良土壤结构。①增厚了松土层。②提高了土壤肥力。尤其是增施大量的有机质肥料后，经过土壤微生物的分解成为腐殖质，硝酸盐和磷酸盐的含量大大增加，提高了有效的氮、磷、钾含量，能有效地提供根系生长所需的养分。③显著地改良了土壤的理化性质。泸溪县柑橘研究所对柑橘品种试验园、柑橘产业观光园，柑橘产业核心试验区，几十年的试验表明，深耕压绿后，肥沟内 21～50 厘米的土层，土壤活性有机质和全氮量都显著增加，活性有机质从 0.3% 增加到 2.0%；全氮量从 0.5% 提高到 1%；土壤容重降低，对照区为 1.5 克/厘米^3 左右，压绿区为 1 克/厘米^3 左右，孔隙度增加，土壤通透性明显得到改善，肉眼都能明显看到的土壤变得疏松，肥水渗透力显著提高，深层土壤的肥力明显增加，提高了保肥、保水能力。由于深耕施肥后土壤质地得到了改善，为培养生长深、广、密的根群和加速枝梢的生长创造了有利条件。据泸溪县柑橘研究所的观察，深耕压绿后的一年左右，处理区的总根量较对照区增加了 2～4 倍，植株的枝梢生长量也相应增加了一倍，而且生长健壮，叶色浓绿，三年结果成为常态。

(1) 深耕必须达到一定的深度，分层施肥要达标。经过观察显示，深处理和施肥数量、质量与根系生长密切相关，压绿多深，绿肥和有机质肥埋多深，根系伸展多深，完全成正比例。根随肥层生长，可以一直穿透到坑底，对照区只深翻不埋压绿肥和其他肥料，根量增加很少，呈浅生状态，只花大量劳动力深翻，有机肥施用不足，效果很差。深耕改土需要大量肥料，需要建立绿肥基地，园内营造绿肥来源，种紫云英、苦油菜等绿色植物作为肥料来源，收集牲畜粪便、发酵枯饼等有机肥，进行源源不断的肥力补充。

(2) 深耕改土断伤细根不仅无不良影响，反之断口可以从愈合组织发出数量更多的新根，但对于直径 1.5 厘米以上的大根，断伤后则愈合生根较慢，对植株的正常生长造成不利影响。因此，柑橘园深耕改土应在定植前进行。

2. 中耕除草 柑橘园杂草应及时耕锄清蔸。为减轻人工除草用工，不再提倡使用化学除草剂，泸溪县从 2019 年开始使用防草布，不仅防草效果明显，而且保水保肥。

3. 大种绿肥 绿肥的优点很多：①养分含量高。特别是豆科绿肥，根瘤菌具有固氮作用，把空气中游离的氮素固定于根瘤中，从而提高土壤含氮量。一般绿肥亩产 1 700 千克鲜草时，按其不均含氮量 0.3% 计算，每亩地可从绿肥中得到氮素 5.1 千克左右。②改土效果快。绿肥富含有机质，新鲜绿肥中约含 13% 有机质，翻压入土以后可成为腐殖质，改良土壤颗粒结构，特别是我们泸溪山区柑橘园，经过连续种植绿肥，及时翻压入土，几年后土壤熟化成为"海绵橘园"，通透条件大为改善。③种植绿肥可以覆盖地面，夏秋干旱高温，减少土壤水分蒸发，降低土温 5℃左右，促进新根生长发育，有效抑制杂草滋生；冬季可保温防寒，绿肥还可兼作家禽饲料。大种绿肥成本低，肥力绿色，优点多多，应该大力倡导。

绿肥种类很多，适应性和产量高低各有差异。一般柑橘园选择适于山地土壤条件，产菁量高，不与柑橘争肥水，生长迅速，覆盖面大的绿肥品种。

泸溪县柑橘园常种绿肥品种简介：

（1）满园花：对土壤要求不严，耐瘠、耐旱、耐酸性强，松土作用良好，为红壤新开垦地的先锋作物。除排水不良的重黏土外，均可种植。播种期 9 月中下旬至 10 月上旬，点播每亩播量 1.5～2 千克。亩产菁量 1 500～2 000 千克，于翌年 4 月盛花时期翻压入土。

（2）蚕豆：喜黏重土壤，耐湿性强，生长快，在湿润黏重的土壤上，生长较其他秋播绿肥好，但不耐瘠。播种时期 10 月上旬至下旬，点播每亩播种量 7.5～12.5 千克。于翌年结荚，顶端花谢时翻压或沤青，亩产茎叶 1 000～1 500 千克，也可采收豆荚后用茎秆制作堆肥。

（3）豌豆：对土壤的适应性较强，耐瘠、耐旱、耐酸，除过于黏重的土壤外均可栽培。播种时期 10 月上中旬，点播每亩播量 4～5 千克。于翌年 4 月结荚期翻压或沤青，每亩产鲜茎叶 1 000～1 500千克。

（4）紫云英：性喜中性沙质壤土，播种期 9 月下旬至 10 月上旬。每亩播量 3～4 千克。翌年 4 月盛花到初荚期翻压或沤青，每亩产菁量 500～1 000 千克。

（5）黄豆：生育期短，产量高等优点。春播在 3 月 25 日，成熟期 7 月 1 日，平均亩产黄豆 101.3 千克，夏播 7 月 3 日，成熟期 9 月 24 日，平均亩产 93 千克，两季合计平均亩产 194.3 千克。大豆不但有根瘤菌能固定氮素，同时收获黄豆后每亩还有 2 177 千克茎秆（两季合计）还土，对用地和养地两有利。

（6）绿豆：适应性较强，生长迅速，覆盖面也较大。播种期长，可春、夏连续播种（4 月上旬至 7 月上旬），点播每亩用种量 1.5～2.5 千克，可于花期翻压入土，每亩产菁量 500 千克左右。

柑橘园每年种植绿肥的次数依具体情况而定。水利条件较好的柑橘园，可一年一季，也可一年三季，清明到谷雨播种黄豆或绿豆，花期翻压后，小暑到大暑再播绿豆，秋分种苕子或紫云英，或到寒露播种满园花。

种植绿肥以冬季绿肥为主，冬、夏季绿肥相结合。在具体选择绿肥品种时，以一年生豆科绿肥为主，与其他绿肥种类相结合；在整个间作制度上，应根据生产实际需要，以绿肥为主与其他作物间作相结合。

为了提高播种绿肥效果，除应掌握播种时期和加强播后追肥、排水、抗旱等管理措施外，翻压绿肥在盛花期或结荚期养分含量高，适时翻压，容易分解，提高肥效。由于绿肥茎秆在土壤分解时产生有机酸，因此，翻压前宜先撒施石灰，每亩 50 千克左右，以中和酸性和增加土壤钙质。

4. 合理间作　幼龄柑橘园在成林封行以前，树冠小，园内空地多，除了用于种植绿肥外，合理间种其他作物，既可保持水土，防除杂草，提高土壤肥力，又能充分利用地力，发展生产，增加收入，达到"以短养长"。但是间种作物以不妨碍柑橘生长为前提，不与柑橘争肥、争水、争阳光为先决条件，拒绝攀缘植物。拒绝大株体植物。

（1）对柑橘树有益的作物，提倡大种，如西瓜、辣椒、大蒜、马铃薯、萝卜、白菜、甘蓝、芥菜等，是较好的间作作物。因为这些作物植株矮小，且需施足基肥和经常追肥，管理也较精细，对改良土壤很有好处。

（2）对柑橘树有影响的作物，少种或不种，如油菜、花生、南瓜、甘薯等，对柑橘也有不良影响，但因要解决食油和饲料问题，可适量种植。

（3）对柑橘生长有害的作物，坚决不种，如小麦、棉花、玉米、高粱、甘蔗等，生长期长，根系分布广，需水需肥多，吸肥力强，或茎秆高大，因而对柑橘生长极为不利，对这类作物，决不种植。

间种作物须与柑橘树冠保持一定的距离。新栽的幼果园，间种作物离主干66厘米以外，以后再随着树冠的扩大，间种作物的种植范围宜相应缩小，以保证柑橘树生长。间作不宜在同一园地上多年栽种同一作物，以下的实行轮作实例，可以有效地防止土壤某些营养元素缺乏。

大白菜、大蒜——→西瓜、凉薯、甘薯；
萝卜、马铃薯——→花生、绿豆、黄豆；
豌豆、蚕豆——→番茄、辣椒。

（四）科学施肥

幼龄柑橘树抽生春梢、夏梢、秋梢的数量与柑橘树冠扩大的速度成正比，为了达到养根促梢，提早结果，提高品质的目的，肥水管理是基础。

施肥 苗木定植到开始投产，以营养生长为主，一年抽梢3～4次，根系生长一年也有3个高峰，根系生长与枝梢生长成交替状，幼树树体较小，根系吸肥力有限，施肥以氮肥为主，勤施、薄施为原则。一般从 3～8 月生长季节可施速效肥料 5～7 次，11～12月再结合冬季防寒施用迟效性基肥。为了满足柑橘树营养生长对养分的要求，施用肥料的种类应注意有机肥与化肥交替或混合使用，尽可能以有机肥料为主，化肥为辅，取长补短。3～8 月各次追肥，每株施用尿素和复合肥各 50～150 克；7～9 月干旱季节，可结合抗旱兑水使用。9 月以后不再追肥，以防止抽生晚秋梢，降低树体抗性。冬季结合防寒，每株施猪粪、牛粪等干性有机肥料，混合加施少量饼肥，结合培土壅蔸。在施肥方法上，生长期追肥一般可用穴施，即在树盘外缘挖 3～4 个洞穴，深度 13～17 厘米，肥料渗入后再盖土；冬季施有机肥可用环状施（即在树冠滴水线下，细根密集的地方，吸肥力强），挖深、宽各 33 厘米的环状沟，填入肥料后再行覆土。由于一年中追肥的次数较多，施肥穴常变更方位；施肥的环状沟大小随树冠大小变化而调整，以利于增加吸肥面和促进根系的全面展开。

随着柑橘树的结果投产，需肥量增大，根据枝梢生长和果实发育物候期对养分的要求，冬季施足基肥，春夏适时追肥满足柑橘树开花结果与生长的多重需要。

（1）基肥：施足基肥增加生长结果所必需的营养元素，促进花芽分化；改良土壤的理化性质，促进根系迅速加深、扩展，保温防寒。基肥以腐熟或半腐熟的优质有机肥料为主，有厩肥、堆肥、饼肥、人畜粪尿等，加入少量过磷酸钙或磷矿粉、草木灰等磷、钾肥料。施肥量依肥料种类和树冠大小而定，如施厩肥、堆肥，每株至少施 50 千克，饼肥最好与其他有机肥料发酵后一起施用。施肥方法可用环状施或放射状施，即树冠大小，在树冠下挖放射沟 3～5 条，沟宽 30 厘米，靠树冠内浅，外深至 30 厘米。基肥宜在 11月上旬至中旬以前施下，有利于根系恢复、吸收和防寒。

（2）追肥：促进新梢生长和供给果实发育的养分。做到科学准时，未结果树、结果树 3～8 月施肥 5～7 次，每次每株施用尿素和复合肥各 50～150 克。初结果树一年保证追肥三次，第一次在春季萌发前，速效氮肥为主，如有猪粪尿则宜掺和尿素，以提高肥效；施肥方法可用放射状施。第二次在5月下旬，掌握春梢停止生长，夏梢抽生以前，及时施用一次速效氮肥。第三次在7月中下旬，每株复合肥加饼肥，用穴施法兑水施下，这次肥料有利于促进果实发育和抽生健壮秋梢。

（五）合理灌溉

泸溪县春末夏初雨量集中、夏末秋初雨量少，遇逢高温季节，土壤水分蒸发量大，如遇干旱，夏秋梢的抽生受阻，严重时卷叶、落叶、落果，加剧病虫为害，削弱树势。因此，在建园选址时接近水源是必要条件，有条件的新园区采用预留排灌设施，滴灌或者喷灌，修足蓄水池，做到旱有灌、涝有排的现代管理体系。

防止干旱的第一个措施是及时灌水。当土壤含水量低于最大持水量50%时，柑橘即表现缺水状态。一般在雨季以后连续干旱15天以上时，应引水或挑水灌溉。第二个措施是保水防旱。在缺乏水源，不能实行引水灌溉的地方，除尽可能修筑山塘水库外，每5亩应修建能容水50 000千克的蓄水池，充分集聚春季雨水。修筑梯田时，梯面宜整成外高内低，外埂内沟的形式。梯面背沟适当挖深至33～67厘米，使雨水能向梯面内渗，保水防旱。旱季到来以前，果园除草后全面中耕1～2次，减少水分蒸发；旱季雨后及时中耕除草。树盘覆盖黑布、条件比较差可用稻草、山草等材料，在旱季前中耕后覆盖于树盘上，厚度3.3厘米左右。树盘覆盖的好处，第一是可以降低地表温度6℃左右；第二是防止杂草生长。因此，覆盖是幼龄柑橘园保水防旱的重要措施。

（六）防寒防冻

柑橘幼龄期抗寒能力较弱，冬前做好防寒防冻，保证安全越冬。主要措施是：①加强经常性的肥培管理和病虫防治，控制晚秋梢的抽生，增强树势，提高抗寒能力。②秋冬干旱时注意充分灌水。③冬前施足越冬保温肥，主干壅蔸，树盘培土。④幼树可设立三角支架包草防寒，保护树冠也可用草绳捆束树冠，减少风害，防止冰雪压折主枝。

二、科学培育管理成年柑橘园

柑橘树 8～10 年正常进入盛果期。科学的肥水管理，可以实现多年的稳产优质，实现最大限度的经济效益和社会效益。

在柑橘大面积生产中，如果不能理性对待开花结果与营养积累的矛盾，易出现一年产量很高，第二年产量低现象，为大小年或隔年结果现象。泸溪县多年来一直注重柑橘的科学肥水管理，柑橘大小年结果现象不太明显。

1. 大小年结果的防止措施 柑橘多数品种虽然容易发生程度不同的大小年结果现象，但是，只要抓住主要矛盾，通过加强肥水管理，改进栽培技术，防止自然灾害，调节生长和结果之间的相对平衡关系，使结果的同时又能抽梢，是完全可以得到防止而获得高产稳产的。泸溪县浦市镇 80 亩甜橙，综合管理到位，从亩产 1 200 千克到 2 400 千克连续五年产量持续上升，品质提高，提取抽样综合分析，柑橘高产稳产树的生物学特性，大体表现以下几个特点：

（1）有一个深、广、密的强大根系。这是扩大根系营养面积，提高植株营养水平的根本条件。泸溪县柑橘研究所对泸溪柑橘 8306，20 年生丰产柑橘树根系分布挖开测量，宽度均为树冠宽度的 1.0～1.25 倍，根系分布深度平均 60～80 厘米，最深的达1.0 米；主要吸收营养的细根群分布在土层 10～55 厘米之间。

（2）树冠绿叶层较厚。绿叶层深厚，树冠的无效容积少，单位体积的叶片数多，在丰产的同时有较多的碳水化合物等有机物质的积累，使树体的营养状况保持在比较高的水平，是高产稳产的先决条件。

（3）生长和结果相对平衡，是高产稳产树的最重要特征。

①花量适中，分布均匀。高产柑橘树由于树体营养状况良好，结果母枝健壮，花芽分化健全，畸形花少，有效花多。

②营养枝与结果枝的数量保持较大的比例。在抽生结果枝结果的同时，树体仍有足够的养分抽生相当数量的营养枝。研究数据显示甜橙、柑橘丰产稳产单株，营养枝、结果枝抽生比例超过 1∶1，

且营养枝充实健壮；以春梢为主外，抽生部分夏梢和少量的秋梢，这些新梢是为翌年结果母枝的储备。

③正常结果枝多。树体营养状况良好，结果母枝健壮，正常结果枝所占的比例大。泸溪县浦市甜橙高产稳产树正常结果枝达70%左右。

④叶果比大。新梢和叶片数量多是稳产树的外观特征。泸溪县柑橘研究所的科研人员经过多年的记载统计，浦平甜橙高产稳产树的叶果比为 45～47：1，冰糖橙高产稳产树的叶果比为 20～30：1，纽荷尔脐橙高产稳产树的叶果比为 60～75：1，黄金贡柚高产稳产树的叶果比为 70：1，椪柑高产稳产树叶果比约为 60～70：1。在高产的基础上保持较大的叶果比，对促进营养积累，是稳产的必要手段。

2. 标准园建设　不断提高柑橘栽培技术上的科研含量，保持树体较高的营养水平，促进生长和结果间的相对平衡。在柑橘年周期生命活动中，满足生长结果对水分、养料的所需，改善树体光照条件，提高叶片同化力，促进营养物质的积累；适当疏花疏果，减少营养无效消耗；保持健壮的树体，提升柑橘树自身抗冻、抗旱、抗病虫害的免疫力。

（1）改良土壤，合理耕作：在柑橘幼树期的深耕改土，随着有机质的分解，养分的消耗，如果不及时加以改良，土壤也会随着时间的推移逐渐板结，周期性地对土壤进行深耕、培土和合理耕作，培养深、广、密的根系群体，保障树体营养供给至关重要。

①深耕：成年柑橘园在越冬前深耕结合施肥压绿，不仅能改良土壤结构，提高土壤肥力，还能够更新根系，增强吸收机能。在树冠外缘进行条沟状或者放射沟状隔年隔行深耕，深度 40～60 厘米，结合翻压绿肥及有机肥。

②培土：培土不仅加厚了土层，具有防寒护根的功效，也是保水和改土的得力措施。泸溪县 90% 为山地柑橘园，原生态土层瘠薄，培土对护根更有意义。有一句农谚曾这样总结培土的重要作用："橘树不要粪，一年培三寸"，柑橘园培土可在采收后进行，就

地取材，利用草皮土、老山土、塘泥等，每亩 10 000～20 000 千克不等，全园培土可数年进行一次。

③合理耕作：保持土壤疏松透气，有利于根系的生长和吸收。成年柑橘园，每年进行 3 次土壤耕作，第一次在 3 月上旬，用耙头全园深翻 26.0 厘米左右，同时将冬季的培土翻开平整根部，这次翻耕较深，又有一部分老细根被挖断，但愈合快，在第一次发根高峰时，断口处能长出更多新根。第二次在 6 月上中旬除草后浅耕 9.9～13.2 厘米，有利土壤通气、保水防旱；将草皮翻压。第三次在 10 月下旬至 11 月中下旬，施冬肥后浅耕 9.9～13.2 厘米，使园土在冬季处于疏松状态，有利保水，防霜防冻，为柑橘树安全越冬提供保障。

（2）分期施肥：柑橘枝梢营养生长期和果实发育期较长，成年高产柑橘树营养消耗大，既要养果，又要促梢，重施基肥，分期追肥是保障柑橘营养供给的重要手段。柑橘树到了成年，春梢占全年新梢总量的 80％甚至 90％以上，夏秋梢较少。因此，促梢应以促春梢为主，有了健壮的春梢才有可能抽生一定数量的夏梢和秋梢。泸溪县柑橘研究所的长期观察，成年柑橘园掌握"重施冬肥，抓住关键追肥"，按照枝梢抽生和果实发育生物学特性，观察物候期按照柑橘树的生理要求，科学施肥及时补充能量，方能收到高产优质的效果。

①冬肥：施用冬肥的目的在于恢复树势，提高树体抗寒能力，改善营养状况，促进花芽分化，为翌年的抽梢和开花结果储备营养。泸溪县柑橘研究所观察分析，在施足冬肥的情况下，泸溪柑橘叶片中碳水化合物的贮存量可增加 2％左右。冬肥也称之为"越冬肥"。施肥时期要适当提早。最好在果实成熟前 7～10 天内施下，最迟在 12 月中旬以前施完，力求做到"果未下树，肥已入园"。此时气温、土温尚高，寒潮未到，根系吸肥力强，树势容易恢复。采果后立即用 0.5％尿素溶液进行根外追肥。

肥量足，质量好。冬肥的施肥量宁多勿少，占全年施肥总量的一半以上。肥料的种类，最好做到以有机肥为主，迟效肥与速效肥相结合，如堆肥、厩肥、土杂类配合适量家禽粪尿、枯饼、骨粉、磷矿粉、过磷酸钙、氮素化肥、复合肥等。根据树冠大小、树势强弱、产量高低，确定单株施肥量。

施肥方法，采用条沟状或放射状施。施肥面应适当宽而深，增加细根与肥料的接触面，有利于及时吸收和促发新根。施冬肥结合培土壅蔸，护根保温。

②催梢肥：2月下旬至3月上中旬早春萌芽前，重施一次速效性氮肥，每株可酌情追施腐熟家禽粪尿50千克或尿素0.25千克不等，促进春梢的抽生。

③稳果肥：柑橘开花和形成幼果时期，氮、磷养分消耗大，5月下旬至6月下旬有一次生理落果，于5月中旬抢在生理落幼果期，追一次施，可减少生理落果。肥料种类应以氮素为主，结合增施磷肥。一般每株施粪肥25千克左右。拌和0.5~1千克过磷酸钙，晴天施下。

④壮果肥：7~9月是柑橘果实迅速膨大和夏梢、秋梢抽生生长时期，根系吸肥力较强，伴随高温干旱，灌水抗旱结合追肥，加速果实膨大，促发健壮的夏秋梢。泸溪县柑橘研究所多年经验表明，壮果肥必须配备氮、磷、钾完全肥料，壮果期施用腐熟枯饼肥，不仅可以壮大果实，而且能使果实着色鲜艳，增加果汁含糖量，果实具有独特的甜香，这个经验值得全面推广。

成年柑橘树一年施肥4次，冬肥、催梢肥、稳果肥和壮果肥。在施肥量和施肥方法上注意因种类品种、树势强弱、结果数量、土壤条件、肥料种类等具体情况而定。例如甜橙需肥量较大，要多施；结果多的树，以及栽培在瘠薄土地上的应酌情多施；因地制宜，因树制宜，充分显现施肥效果。

⑤根外追肥：利用柑橘叶片的气孔和角质层能够直接吸收养分的生理特点，而采用的一种追肥方法。优点是效果快；一般喷布15分钟至2小时即大部分可被吸收利用，尤其是新叶、新梢等生理机能旺盛的幼嫩部分吸收能力特别强。

适于根外追肥的肥料种类，一般是用易溶于水的速效肥料，如尿素、硫酸铵、磷酸铵、磷酸钙、过磷酸钙、硫酸钾、磷酸二氢钾，以及草木灰、其他微量元素等。适于根外追肥的磷素中，以0.5％～1％的磷酸铵浸出液，钾素中则以0.3％～0.6％的磷酸二氢钾为好。草木灰中K_2O的含量依不同原料而异，麦秆灰分中含量最高，分别为35％～40％及13.8％，木炭灰分中含5％～10％，草灰8％，使用浓度3％～5％。

柑橘呈现缺乏微量元素症状时，在确诊以后采用叶面喷射，可取得较好效果。

根外追肥的时间和次数，可灵活运用。在果实成熟采收后喷0.5％的尿素1～2次，可使叶色转为浓绿，叶片不卷筒，有助于恢复树势；9～11月喷布0.5％尿素加1％～2％过磷酸钙混合液2～3次，能促进花芽分化。总之，可以按照柑橘各物候期的实际需要酌情单独喷施或混合喷施。把握合适的浓度，以免发生药害。高温季节最好选择阴天或早晚喷洒。要重点喷于叶背，效果较好。

（3）及时灌溉，防止干旱：成年树坐果多，叶面积大，蒸发强度大，需水量多，在缺水情况下，根系不能从土壤中吸收养分，柑橘树处于生理渴水状态时，果实增大和夏秋梢抽生严重受阻，加剧红蜘蛛、锈壁虱等为害，严重时落叶落果枯梢。夏秋干旱是削弱树势，降低产量的主要矛盾。在建园时必须考虑柑橘园水源问题，灌溉设施，及时掌握旱情，宜早灌。灌溉过迟或久旱再灌，容易造成严重裂果。不论用沟灌、穴灌、盘状灌或漫灌，都应当以灌匀、灌透，湿土层达33.3厘米以上为原则，以减少灌水次数，保证灌溉效果。创造条件逐步实现喷灌和滴灌。

三、技术改造低产柑橘园

泸溪县自1986年以来，柑橘有了大开发、大发展的过程。30多年过去，由于近年来打工文化的兴起，一些橘农选择外出务工，加之柑橘结果鼎盛期已经过去，泸溪柑橘个别柑橘园出现低产与早衰状况，如何改造老柑橘园，让柑橘树重现生命力，泸溪县柑橘科技人员积极探索，挖掘柑橘树潜力，进行了一系列的尝试，更新复壮，品种改良等。

低产园柑橘树一般种植在土壤瘠薄山地。这些树进入盛果期后，由于管理粗放，肥水缺乏，根系分布浅，易受干旱和冻害、病虫害，树势生长衰弱，枝梢短小。虽然每年能够开花，但是结果很少，品质退化，泸溪县根据柑橘生产实际出发，采用科学的手段进行了一系列的品改低改措施

①深翻园土，加深土层，改善根系的生长条件。这是使其恢复树势，提高产量的根本性措施。深翻改土，全园深耕，也可两三年内分次完成。深耕同样要结合翻压含有机质的肥料，而且结合维护修梯田，做好水土保持。

②增施肥料：由于低产园树弱根浅，除深耕改土结合施有机肥外，在生长期内应当勤施薄施追肥，以氮肥为主，培养健壮新梢。

③防治病虫害：低产树由于树势弱，病虫害有了可乘之机，防与治相结合，对柑橘的介壳虫类和潜叶蛾、吉丁虫、红蜘蛛、黄蜘蛛、金龟子以及流胶病、疮痂病等及时预防，保叶保梢恢复树势。

树龄和树冠较大，过去曾经有相当产量，但由于遭受严重的自然灾害或由于一段时间放松管理，树势转弱衰老，枝梢生长不良，叶片稀疏黄化，产量急剧下降，辉煌与鼎盛已经成为历史，树的根系和树冠骨架基本完好。通过增施肥料、改良土壤，对树冠采取更新修剪，很快恢复树势产量，可以重塑果实累累的辉煌。

④合理修剪：因生长衰弱，绿叶层薄，叶片黄化，新梢短小且多在树冠外围，树冠内部往往空膛。修剪的目的在于培育主枝和副主枝上的健壮侧枝，使其分布均匀饱满，改变树冠光照，增大绿叶层体积，恢复树势和提高产量非常有效。

春季修剪，2月下旬着重对骨干枝上的2～3年生衰老侧枝适当短剪；或者回缩树冠上部外围侧枝，这样可使树冠内部或下部的隐芽萌发，重新抽发健壮侧枝；对树冠偏心生长者，可抑强扶弱，进行缩剪使其均衡，通过修剪和增施追肥以后，当年即可抽生许多新梢，这时注意适当除萌和对长势过旺者进行摘心，使侧枝分布均匀饱满，避免分枝过密和重叠交叉。

　　a. 重度回缩：在 2～3 年内先后对衰弱的侧枝进行轮换更新。这种方法在更新的几年内每年仍能保持一定的结果量。当全部树冠侧枝更新完毕后，迅速提高产量。

　　b. 露骨更新：对很少结果或不结果且枯枝很多者，可将骨干枝上的 3～4 年生侧枝从分枝点以上全部剪除，但骨干枝基本保留完好。这样修剪后，当年即能抽生大量新梢，更新全部侧枝，第二年起就能开始结果且逐年恢复产量。

　　c. 主枝更新：对树势极为衰老，大枝受病虫为害较重，但主干和骨干枝基本尚好的树体，可对骨干枝进行强度短截，并在保留的骨干枝上删去细弱、弯曲、多节的大枝。这种方法当年能抽生强壮新梢，第二年开始少量结果，三年后树冠可基本恢复。

　　更新修剪时期，最好在解冻后春季临近萌芽前较为适宜，剪后伤口容易愈合和抽梢整齐。衰老树更新修剪后，要加强管理注意保护伤口，大伤口要剪平、剃平，皮部不可损伤，最好在伤口处涂接蜡保护剂，防止病菌感染及雨水侵入，促进伤口愈合，更新修剪后，枝叶稀少，骨干枝裸露，在夏季日光强烈的情况下易造成树皮灼伤，宜行涂白保护，加强追肥和灌水防旱，使新梢生长健旺；重新修剪后在伤口附近常萌发多量新梢，可适当除萌，并除去主干及大枝上位置不当的萌蘖，健旺夏梢要及时进行摘心使其分枝，并加强病虫防治，养护新梢枝叶，以利于尽快恢复树冠，恢复产量。

　　d. 品种改良：泸溪县采用高接换种的方法更换高产优质良种。实行高接换种，高接时期主要在秋季或春季萌芽前，生长期也可以嫁接。高接方法与苗圃嫁接基本相同，秋季或生长期嫁接常用单芽腹接，春季则用切接或皮下接。秋季或生长期腹接后于春季萌芽前锯除接芽上部枝干，让接芽萌发抽梢，春季则先锯断枝干后进行嫁接。

　　高接的部位视树冠结构而定，一般可在主干分枝点以上 1 米左右，选择生长直立或斜生健壮的主枝或侧枝，也可酌情在主干上嫁接，嫁接部位过高，则树冠绿叶层上移，难于培养饱满紧凑丰产树冠。同一砧桩上可接 1～2 个接穗。由于柑橘大枝伤口较难愈合，秋季腹接后在春季锯除枝干时，锯口宜用接蜡或沥青保护，春季切接或皮下接时，力求用新鲜接穗，伤口用薄膜包扎保湿，切忌过早解除薄膜，这是保证成活的关键。

高接后要加强管理，在接穗萌芽前及萌发抽梢后的生长期中，要及时抹除砧干上的全部萌蘖，一个主枝或侧枝的砧桩上一般只选留一个接穗，要加强对红、黄蜘蛛和潜叶蛾等的防治，及时追肥，以促进接枝健壮生长，注意及时设立支柱固定，以防风害折断。当新梢长达33厘米左右时进行摘心，促使基部健壮和分枝。

实行高接换种、品改、低改，泸溪县取得了非常成功的经验，2012年湘西土家族苗族自治州全州品改座谈会在泸溪举行，作为推广经验进行推介。

四、柑橘的防冻措施

（一）冻害对柑橘生产的影响

1976年、2008年、2018年泸溪县遭遇了几次柑橘生长极限的考验，1976年是毁灭性的死树，2008年死树30％，2018年同样损失惨重，因此，柑橘防冻是泸溪柑橘栽培的一个痛点。泸溪县为防止柑橘冰冻，积极作为，为减少损失，不断进行品种改良，选择抗性强的品种，不断进行品种选育，优中选优，选育抗冰冻的品种。

1. 选择良种利用抗寒特性　柑橘不同种类品种，耐寒力差异很大，根据泸溪的气候条件，选择发展适于当地栽培的抗寒良种。通过选择抗寒力强，具有优良性状的亲本进行有性杂交育种，以及从天然杂种或营养系植株中培育和选择抗寒性强、产量高、品质好的新品种，泸溪柑橘8306、8304优良株系就具备较强的抗逆性，2008年、2018年10年一周期的冰冻天气相对1976年的毁灭性柑橘死树死根明显降低，经过大冻考验，注意发现和选择优良的抗寒性强的新类型、新品种或单株进行繁殖推广，是泸溪县成功的有效方法。

2. 砧木选对，保护根部　砧木的抗寒性能影响整个植株的耐寒力。枳是目前国内外公认的抗寒性最强的砧木。便于培养低干矮冠树形，合理密植。湖南省柑橘资源丰富，野生种及天然杂种甚多，研究利用，选择耐寒、矮化、适应性强的新砧木也是我们进一步研究努力的方向。

3. 提前谋划，减少后患　在建园选择时必须综合考虑，选择背风向阳的南坡暖地栽植，充分利用大水体、天然屏障或营造防风林，以削弱寒流，减低风速，改善小气候以减轻寒害。合理密植，可以发挥群体保护作用，增强抗寒能力，又便于集中防寒管理。

4. 强树势，强抗性　树势的强弱，根系分布的深浅，直接关系到柑橘树的抗寒力，把柑橘园的深耕改土、引根深扎作为增强树势的根本措施，通过培养强健树冠结构，提高培育管理的科技含量，合理施肥，及时排灌，中耕除草和防治病虫害，猛促春梢，利用夏梢和早秋梢，抑制晚秋梢，保证冬前枝叶组织充实，增加树体营养物质的积累；及时采收，减少养分的过度消耗，对增强树势，提高抗寒能力非常有效。

5. 冬培给柑橘树加衣御寒　冬培管理是柑橘防寒防冻的重要手段。

①早施冬肥，多施有机肥料。不论是幼龄柑橘园或成年柑橘园，早施足施冬肥，保温防寒；特别是高产园，经过一年的结果消耗，营养累积较少，施足冬肥至关重要，泸溪县柑橘研究所对泸溪椪柑、浦市甜橙叶组织分析，叶片含水量保持 50％～60％；淀粉贮存量 11％～12％；叶片含氮量 3.5％以上时，有利于安全越冬。因此早施（采收前）、多施冬肥，配合根外追肥，对增加营养积累恢复树势，防寒防冻具有很大意义。

②及时灌水。夏秋干旱灌水能防止树体失水，使枝叶保持正常的含水量，增强树势。冻前灌水可以利用水的潜热，提高土温 2～4℃，减少冻土深度，增加果园空气湿度，减少地面热辐射，能显著减轻冻害程度。在夏秋干旱时，应抓紧前期抗旱灌水，后期适当控制，抑制抽生大量晚秋梢；冬季随时关注本土气象预报，于冰冻前 7～10 天全面灌透，寒潮已经来临时不能再灌水，反而会使土壤失热降温，冻层加厚，加剧冻害。

③防治病虫：采收后，要全面清园和喷药杀灭越冬病虫害。可全园喷布 3°波美度石硫合剂或 10～12 倍的松脂合剂，兼有杀虫和防寒效果，两者不可混用。

④培土壅蔸。冻期地表气温低，尤其晴天晚上有霜冻时，地表的昼夜温差最大。树盘培土可以保持土壤水分，提高和稳定土温，保护根系免受冻害。壅蔸则主要是保护根颈部和主干。有条件的进行全园培土，也可重点培于树盘，依树盘大小，每株 250～500 千克不等；壅蔸则以埋覆主干和主枝基部为度，春季挖园时再把覆土挖开翻耕。

⑤涂白与包扎。涂白与包扎是传统的防寒措施，主干和主枝是树体的骨架，是地上部分和地下部分进行养分、水分运转的通道，若局部受冻伤，则输导作用受到障碍，且易染流胶病，引起树势衰弱，降低产量，缩短寿命；如严重受冻，皮层开裂，则使全株致死。因此，保护主干主枝，防止受冻极为重要。涂白或包扎是保护主干主枝的有效方法。

（二）柑橘冻后恢复

在不可避免的灾害降临后，克服消极悲观情绪，及时做好灾后的护理，根据柑橘树受害程度的不同，采取不同的相应措施，力争尽快恢复树势与产量。

（1）对轻微受冻、发生卷叶、黄叶、生长衰弱者，可立即用 0.5%尿素进行根外追肥 2～3 次，早春解冻后，提早施足春肥，以利恢复树势。

（2）根据"小伤摘叶，中伤剪枝，大伤锯干"的原则，合理处理树冠。

摘叶：对枝梢完好，但叶片受冻枯焦，未发生离层而挂在枝上不落的，应及早摘除，防止枝梢枯死。

剪枝：对于枝梢受冻害，宜在萌芽抽梢后再进行修剪，留健部而剪除枯死部分。未萌动修剪，一方面难于辨认冻死部分，不能确定修剪位置，而且常扩大死伤部分；刚萌芽时修剪则影响新梢生长，这主要是由于修剪过早时伤口不易愈合，反而失水过多的缘故，故宜适当迟剪。

锯干：受冻严重、主干和主枝皮层开裂，整个树冠冻死时，可以锯断主干，使其重新萌发回苑树。但是，锯干时期不宜过早，一般宜在 5 月以后进行。

由于锯干后萌蘖较多，应注意从中选择 2～3 个生长健壮、直立、着生部位适当者培养作为骨干枝，其余的可及早剪除。留下的枝梢可适当摘心使其分枝，形成新的树冠骨架。10 月以后再行打顶摘心，使其加粗生长，冬季进行包草防寒，使其安全越冬。

（3）对于因受大雪和冰冻压断或开裂的枝条，应及时捆缚，并设立支柱或吊枝固定。凡可暂时挽救的伤枝，应尽量保留，让其结果后再酌情处理；对木质部已经完全断裂而无法挽救者，可以锯掉，但切不可带皮撕脱，锯后要用锉将锯口削平，并涂以牛粪黄泥浆，或用薄膜包扎，以防伤口腐烂，以后再在伤口附近选留徒长性枝梢更新代替。

（4）柑橘受冻后树势衰弱，加强中耕松土，增施肥料，防渍、防旱和病虫害防治等，以利恢复树势。特别是冻后往往引起流胶病的盛发，必须及时检查治疗。对锯干更新的植株，除注意经常松土外，施肥应以勤施薄施速效氮肥为主，及时防治潜叶蛾、凤蝶等为害，保护新梢健旺生长，使其迅速形成新的树冠。

五、肥水药一体化技术

喷滴灌水肥药一体化技术是将灌溉与施肥、灌溉与喷药融为一体的农业新技术。其借助压力系统，将液体肥或农药，按土壤养分含量和作物种类的需求规律和特点，配兑成的肥液或药液，与灌溉水一起，通过一体机控制系统供肥水或供药水，使肥水或药水相融后，通过一体机连接管道和喷滴头形成喷滴灌、均匀、定时、定量，浸润作物根系发育生长区域，使主要根系土壤始终保持疏松和适宜的含水量，同时根据不同的作物需肥需药特点，根据土壤环境和养分含量状况，根据柑橘不同生长期需水需肥需药规律情况，进行不同的需求设计，把水分、养分和农药定时定量，按比例直接提供给作物。该项技术示范推广对破解干旱缺水问题，发挥泸溪县的光热资源优势，促进柑橘产业发展，保障柑橘质量安全，增加农民收入，实现现代农业发展具有重要的作用。

（一）目的意义

通过建立滴灌设施，采用水肥一体化技术，使柑橘园能根据生长和挂果的需要，通过滴灌系统及时向柑橘树根部输送水分和养分，满足柑橘各个时期对水分和养分的需要，提高柑橘的坐果率，节约用水，减少灌溉和施肥用工的开支，改善了示范园的生态环境，提高肥料的利用率，减少裂果、落果，提高单果重，确保柑橘在恶劣的气候环境下，也能达到丰产稳产的目的。同时通过示范点建设成功，积累柑橘园实行水肥一体化技术经验，为进一步推广应用树立示范样板。

（二）水肥药一体化技术应用的优点

（1）省工：突破传统灌溉模式，动动开关，敲敲键盘，就可以管理上千亩，节省70％以上的人工，大幅度降低劳动强度。

（2）省肥：结合水溶肥，将肥料精准施加到作物根部，节省50％以上肥料，且肥料使用效果大大提高，同时作物长势更好。

（3）省水：改变传统漫灌浇地而不是浇作物的弊端，根据作物需水特性，实现实时、适量、可控的精准灌溉，避免产生地表径流和深层渗透，可节水40％以上。

（4）增产：给予高效灌溉的综合效果，可以有效地提高作物单位面积的产量，增产15％～30％，甚至更多。

（5）增收：肥水药一体化技术系统，配合液体肥，不仅通过增产产生巨大收益，还通过提高作物品质和提前成熟时间获得额外收益。

（6）优质：高效灌溉系统保证水肥供应，科学合理，作物长势好，果实饱满，养分充足，加之害虫减少，果实外观优美，口感好。

（7）环保：使用喷滴灌水肥药一体机，可根据作物需要定时定量精准施肥，减少肥料用量，减少农药用量，节约水资源，保护环境。

（8）保护土壤：在传统沟畦灌较大灌水量作用下，土壤受到较多的冲刷、压实和侵蚀，若不及时中耕松土，会导致严重板结，通气性下降，土壤结构遭到一定程度破坏。而通过喷滴灌系统，水分缓慢均匀地渗入土壤，对土壤结构能起到保持作用。

（三）柑橘园水肥一体化技术模式

水肥一体化技术又称为"水肥耦合"，是一种利用一体化系统的压力将适宜土壤墒情、作物需求、养分含量适中的水肥混合液定时、定量地输送到植物根部，保证植物在吸收水分的同时也吸收养分，可以实现水分和养分在时间上同步、空间上耦合，从而改善柑橘树生产中水肥供应不协调和耦合效应差的弊端，大大提高了水和肥的利用效率。

1. 喷灌施肥　喷灌施肥就是将一定量的可溶性肥料溶于水中形成水肥混合液，利用水泵等设备加压，将其送到需要灌溉的区域，再利用喷头等专业设备将其喷射到空中形成水雾或小水滴，均匀喷洒在作物和土壤上以供给作物生长所需要水分和养分的灌溉施肥方式。水肥一体化技术对于地形要求不高，适用于山地柑橘园等复杂地形，省时省力，成本较低。滴灌是通过塑料管道将水运送到植物根部进行局部灌溉，在干旱地区是一种有效的灌溉方式，水的利用率高达 95%。

2. 微灌施肥　微灌施肥是根据作物生长的需求和特点，通过管道系统和灌溉设备将水肥混合液以较小的流量，均匀、持续地输送到作物根系附近土壤的一种灌溉施肥方式。与地面灌溉的最大区别是可根据果树每个时期对营养、水分的需求规律制定相应的微灌制度，使柑橘树能更加准确、快速地吸收需要的水分和养分，促进柑橘树健康生长。其优点是能更高效地节约用水，且灌水均匀、不受风力的影响、操作方便、节省劳动力。但是前期投入成本过高，而且灌水设备的出口很小易被堵塞，故对水质以及管道过滤器要求很高，另外后期维护和修理也较繁琐。随着科技的进步，微灌技术渐渐发展出滴灌、微喷灌等多种灌溉方式，与大水漫灌相比，微喷灌可节水 80% 以上,增产 40%。泸溪县农业农村局 2017 年在紫薇农业育苗大棚基地实施水肥一体化管理,2019 年水肥一体化示范扩大到山地柑橘栽培实施,直接受益农户 1 000 余户 3 500 多人。

(四) 水肥一体化技术的应用

泸溪县境内为低海拔山区,气候属中亚热带季风性湿润气候,气候温和,雨量较充沛,无霜期长;境内以紫色土居多,酸碱度适中。由于土壤,水热条件等先天有利因素,这里非常适合柑橘的生产种植。由于日照充足,昼夜温差大,加之地处全国著名富硒带,土质疏松,所产椪柑口味独特,品质极好。

1. 示范项目 示范项目地选择在泸溪县浦市镇麻溪口柑橘特色产业园位于泸溪县沅江支流边,紧靠白浦公路,距县城 15 千米,交通便捷。园区总面积 2 000 亩,计划实施水肥一体示范核心区面积 1 000 余亩,以泸溪县浦市镇为核心,辐射达岚镇、武溪镇、3 个乡镇 50 个行政村与社区,主要建设蓄水池、灌溉首部管理房、提水泵站,园区电路架设、园区工作道等。

(1) 滴灌系统(过滤+施肥):在管理房中配置滴灌系统过滤、施肥装置、包括过滤装置、施肥装置等。

①过滤装置:采用"反冲洗砂石组+反冲洗碟片组"二级过滤组合,过滤装置作用是将水中的固体大颗粒、杂质等过滤到 120 目以上,防止这些污物进入滴灌系统堵塞滴头或在系统中形成沉淀,保障系统长期正常作业。

②施肥装置:施肥装置的作用是使肥料、化控药品等在施肥桶内搅拌溶解后,再通过注肥泵压入滴灌管网系统输送到作物根部,便于作物吸收,少量的肥料即能充分发挥肥效,减少肥料浪费。

③测控装置:测控装置的作用是方便系统的操作和运行管理,保证系统安全。测控装置包括流量控制阀门、水表、压力表、自动进排气阀、逆止阀等。

(2) 地下输配水管网:包括主干管、分干管及连接管等。地下输水主管采用 1.0 兆帕,dn90、dn75、dh63 的 HDPE 管。主管道埋深在 0.5 米左右。

（3）田间管网：采用"支管＋毛管"的结构形式。其中支管选用 dh50、dh40，额定压力为 0.5～0.6 兆帕。支管地面铺设。

（4）毛管采用 dn16pe 管，地面铺设：毛管上打入压力补偿式滴头，滴头设计流量为 4 升/小时，在每棵果树两侧 40 厘米处各安装滴头 1 个，8 升/小时流量。

2. 水溶性肥料施用示范　采购符合农业行业标准且已获登记许可的水溶肥料，实行 1 000 亩水肥一体化灌溉示范、制订灌溉施肥制度，实施水肥一体化管理，开展效果监测。

3. 技术培训　组织县域内农技推广骨干及种植大户开展水肥一体化设备使用与灌溉施肥技术观摩培训。

4. 保障管理措施　泸溪县农业农村局根据项目要求编写项目实施方案，要求业主严格根据方案内容，在农业农村局的监管下合法合规确定工程实施单位，业主与专业的水肥一体化建设单位签订项目实施合同，确保项目按期、保质有序完成。

泸溪县农业农村局非常重视水肥一体化在泸溪的推广与应用，成立以局长任组长，分管副局长任副组长水肥一体化工作小组。泸溪县土肥站、局办公室、业主单位等单位主要负责人，坚持目标任务、技术指标、质量标准、资金管理，严格按照方案组织实施。农业农村局加强督察监管，确保了项目整体顺利推进，预期效益可观。

5. 项目综合绩效

（1）新增喷微灌水肥一体化高效节水设施 1 000 亩。

（2）示范作物节约灌溉用水 40%，节省化肥 20%，省人工 300 元/亩以上。

（3）示范作物增产 15% 以上，节本增效 600 元/亩以上。

第六章

柑橘树体管理

柑橘能否丰产主要决定于树冠上健壮结果母枝的数量，枝数越多越有可能丰产，早结、丰产、稳产树冠必须从幼树开始就进行整形修剪。幼树整形时，尽量促使树冠内发生较多的枝梢和扩大容纳枝梢的位置，这不仅与提早结果关系密切，也是奠定以后多梢的基础；同时并使树冠上下内外都能发梢结果，内膛不空，绿叶层厚，在单位面积内的树冠具有较高的有效总容积。

一、整形修剪的作用

（一）培育早结、丰产、稳产的树形
柑橘树枝顶端优势强，枝梢密生，分枝角度小，因品种不同而异。通过整形修剪，合理配置主枝、副主枝及枝组，加大枝梢的分枝角度，使树体结构合理，树冠紧凑，枝条稀密适度，将树体培育成矮干、早结、丰产、稳产的树形。

（二）改善光照条件，提高果实品质
通过整形修剪，使树体内外通风透光，树冠内部、下部均有适度光照，提高光合作用效率。树体内外、上下立体结果，果实品质提高。

（三）减少病虫危害，降低生产成本
通过整形修剪，剪除病虫枝、荫蔽枝，使树体通风透光，减少病源、虫源，减轻病虫危害，提高植株对病虫害的抵抗力；同时通过整形修剪还可控制树冠，便于生产管理，提高工效，减少用工和

农药用量，降低生产成本。

（四）调节营养生长与生殖生长平衡，克服大小年结果

生长和结果是柑橘整个生命活动过程中的一对基本矛盾，生长是结果的基础，结果是生长的目的。柑橘幼树以营养生长为主，通过整形修剪，可适时创造有利于向结果方面的转化，使幼树提早结果，但又不影响树冠扩大。盛果期树可通过整形修剪控制结果枝与营养枝的比例，以及通过保花保果与疏花疏果等一系列综合配套技术，调节营养生长和生殖生长的平衡，克服大小年结果现象的发生，达到丰产稳产优质的目的。

（五）更新复壮树体，延长经济寿命

柑橘树进入衰老期后，营养生长极弱，衰老枝组增多，产量下降，通过更新修剪，可促发新枝，恢复树势和产量，更新复壮树体和延长经济寿命。

二、整形修剪的基本原则

（一）低干矮冠

低干是目前柑橘整形的趋势，能加速侧枝生长，较快形成树冠，增加绿叶层，提早结果和丰产，矮干树冠又能及早遮蔽地面，有利于枝干防晒护根，防旱保湿、减轻风害和寒害，便于喷药、修剪、采收，节省劳力等优点。

（二）因树制宜，灵活修剪

幼树、旺树修剪宜轻。幼树以整形为主，修剪宜轻。因幼树需尽早形成树冠、尽早结果，修剪宜轻，使其多抽枝叶，以制造和积累养分；如果重剪则枝叶总生长量减少，光合作用变弱，养分、水分集中于保留的枝叶中，使之再生长、旺长，因而结果延迟。旺树需尽早转入缓和生长，进而转入开花结果，修剪也宜轻。

进入盛果期柑橘树修剪量宜加大，以回缩处理为主，加强对结果枝组的更新复壮，增强其结果能力。柑橘进入盛果期后，生长开始转弱，应适当加重修剪量，以促进生长，尤其是结果母枝多的树，特别大年结果树，当年更应加大修剪量，以调节营养生长和生

殖生长的平衡，延长盛果期。

衰老期的柑橘树应重修剪，主要是对大枝、侧枝甚至主枝进行回缩更新，复壮树体。进入衰老期的柑橘树，生长势极弱，叶的总面积减少，花量相对增加。修剪要促生叶芽和生长枝，以减少结果母枝和花量，增加叶面积，以延长结果年限。

结果多、树势较弱的以短剪、缩剪为主，并结合疏剪，剪除量应适中。结果少的衰弱树，逐年进行枝组、侧枝回缩，重剪复壮，配合多施氮肥，促其尽快复壮树冠。对翌年花量大的植株适当重剪，适当短截夏梢、秋梢；花量少的植株要轻剪，尽量保留当年生营养枝，调节营养生长与开花结果相对平衡，克服大小年结果。

肥水条件好，栽培管理水平高，土层深厚肥沃，树势强旺的树轻剪，以疏剪为主少短截，以缓和树势和促进开花结果；弱树应在加强肥水管理的前提下，回缩密弱枝组，短截当年生营养枝或短截侧枝、副主枝，刺激营养生长。

（三）通风透光，立体挂果

柑橘树冠各部受光量与抽生新叶量关系密切，光照强度不足，开花量和坐果率都会降低。因此整形修剪要通风透光，充分利用光能，做到"抽密留稀，上稀下密，外稀内密"，使整个树冠内膛充实，外围稀疏，层次分明，绿叶层厚，有效体积大，表面凹凸呈波浪形，树冠内部有充足光照，内外、上下立体结果。

（四）轻剪保叶

叶片既是合成有机养分的器官，又是贮藏养分的"仓库"。修剪时应在确保树体通风透光的前提下，宜轻不宜重，尽量多保留叶片，增强光合作用，贮藏养分。修剪量是以剪除叶片的多少为标准，剪除叶片总量少于20%为轻剪，在20%～30%之间的为中度修剪，多于30%的为重剪。修剪时，先剪无叶片的大枝，细小的枝梢可缓剪，强枝的延长枝重剪，弱枝的延长枝轻剪。

三、整形修剪的方法

柑橘树整形修剪的基本方法有：短截、疏剪、回缩、抹芽与放梢、摘心等。

（一）短截

短截又称短剪，剪去柑橘一年生枝梢的一部分。短截的目的是刺激剪口下芽的萌发，以抽生健壮的新梢，以剪口第一芽受刺激作用最大，新梢生长势最强；短截越重，局部刺激作用越强，萌发中长梢比例增加，短梢比例减少。短截在整形中主要用于降低主干、大枝的分枝高度，促使剪口处多抽壮枝，以固定主干高度，并选择培养骨干枝。短截时通过对剪口芽方向的选定，调节枝条的抽生方位和强弱。短截可调节生长与结果的矛盾，起到平衡树势的作用。大年结果树开花前短截结果母枝，可以减少花量，促发营养枝，平衡大小年结果；短截徒长枝和强旺营养枝，可以抑制其营养生长，促使分枝削弱生长势；短截衰弱枝，促发健壮新梢。

短截可分为轻、中、重短截。剪去的枝条少于整枝 1/3 的为轻度短截，抽生的新梢较多，枝梢的生长势和生长量较弱；剪去整个枝条 1/2 左右的为中度短截，截后留下的饱满芽较多，萌发新梢数量、长势和成枝率均处中等；剪去整个枝条 2/3 以上的为重度短截。重度短截剪除了具有先端优势的饱满芽，留下部分抽发的新梢少，但长势较强，成枝率也强。

（二）疏剪

疏剪又称疏删或疏枝，从枝条基部剪除的修剪方法。疏剪处理可以减少枝梢量，调整枝梢的密度和分布。改善树内通风透光，提高树体光合效能，营养水平得以提高；枝量减少后，养分集中供应留下的枝条，促进这些枝条的生长充实，有利于花芽分化和提高坐果率；同时由于树体光照条件的改善，有利于提高果实品质等。疏剪的原则是"去弱留强，去密留稀"。一般主要是剪除病虫枝、过密枝、交叉枝、衰弱枝、徒长枝等。

（三）回缩

回缩又称缩剪，对多年生枝短截。主要用于骨干枝、枝组和衰老树的复壮更新。对衰退枝组回缩可以更新枝组；对树冠外密内空树回缩，改善树冠内部光照条件，增加光照，促进新梢抽发，使树冠内膛充实,恢复树势;对衰老树回缩修剪,可以更新和复壮树冠;对树冠交叉、封行柑橘园,通常采用大枝回缩来保持株行间的距离,改善柑橘园的通风透光条件,防止柑橘园郁闭。

(四)抹芽、疏梢和放梢

抹芽是在夏梢、秋梢长至1~2厘米时,将不需要的嫩芽抹除,称为抹芽。疏梢是疏去过密的新梢,称为疏梢。抹芽、疏梢作用是选优去劣,节约养分,改善光照,提高留用枝的质量。经过反复抹芽后,直到预定的抽梢时间,便停止抹芽,让新梢大量整齐地抽发生长,称为放梢。柑橘的芽具有早熟性,一年能抽发几次梢,柑橘树通常采用抹芽放梢的办法使新梢抽发整齐,有利于潜叶蛾等病虫害的防治和培养健壮整齐的枝梢。结果树抹除夏梢(芽),可避免夏梢与果实争夺养分,减少落果;统一适时放秋梢,可以培养健壮的结果母枝,还可防止晚秋梢的抽生。

(五)摘心

在新梢停止生长前,根据整形要求的长度,摘除新梢先端的幼嫩部分,保留需要的长度,称为摘心。摘心能控制新梢伸长生长,促进增粗生长,使枝梢提前老熟和充实。摘心后的新梢,先端成熟后具有顶端优势,可抽生健壮分枝,降低其分枝高度,达到整形目的。摘心一般常用于幼树和更新修剪后的植株。柑橘幼树通过夏梢摘心,降低分枝高度,促进分枝,增加分枝级数和分枝数量,迅速扩大树冠,提早结果。

四、整形修剪的时期

柑橘的整形修剪时期可分为休眠期修剪(冬季修剪)和生长期修剪(夏季修剪),依据不同的修剪目的,进行不同时期的修剪。

(一)休眠期修剪

休眠期修剪又称冬季修剪,从采果后到春季萌芽前进行的修剪。此时,柑橘树正于相对休眠状态,生理活动减弱,此时修剪养分损失较少,还可改善光照条件。冬季无冻害的柑橘产区,修剪越早越好,伤口愈合快,在冻害年份,可在春季气温回升转暖后至春芽萌芽前进行修剪。冬季修剪能调节树体营养，恢复树势，协调生长与结果的关系，使翌年春梢抽生健壮、花器发育充实。对老树、弱树和衰弱枝组通过春季萌芽前回缩修剪，更新树冠和枝组，效果明显。

（二）生长期修剪

生长期修剪是指春梢萌芽后至采果前的各种修剪。包括春季修剪、夏季修剪、秋季修剪。

1. 春季修剪　在柑橘春梢萌芽后至开花前的修剪，又称花前复剪，是对冬季修剪的补充。目的是对冬季未修剪树和修剪不足树进行补充修剪和通过修剪调节花量。春季修剪可以通过现蕾、开花结果过多的树疏剪过多花枝，疏除过多的幼果，减少养分消耗，调节开花结果与营养生长平衡，预防大小年结果现象的发生。

2. 夏季修剪　柑橘春梢停止生长后至秋梢抽生前的修剪称夏季修剪（一般是5～7月）。对幼树夏季修剪的主要目的是整形；对成年树夏季修剪的主要目的是控制枝梢生长势，促进果实生长发育。它包括抹芽、放梢、摘心、短截、拉枝等，根据不同的目的采用不同的修剪方法。幼树通常采用抹芽放梢、摘心来培育健壮的骨干枝组和合理的树形，在夏梢长15厘米左右时进行摘心，使之迅速扩大树冠，同时采取拉枝措施，使之形成合理树形；结果树通过抹除夏梢保果；郁闭树夏季也可通过剪除过密的郁闭枝来改善树体的通风透光条件，提高果实品质；秋梢可通过抹除零星萌发的早秋梢，待秋梢大量抽发时，适时统一放梢，培养健壮的秋梢结果母枝，控制晚秋梢。

3. 秋季修剪　通常是指8～10月进行的修剪工作。主要是：抹芽放梢后，疏除密弱和位置不当的秋梢，以免结果母枝过多或纤弱，培养健壮的结果母枝；疏除小果、病虫果、畸形果等果实，改善和提高果实品质等。

五、幼树的整形修剪

（一）幼树整形修剪的目的

幼树的整形修剪，是为了培养合理的骨干枝，使之早日形成低干矮冠、树冠紧凑的树形结构，达到早结、丰产、稳产的目的。如果幼树任其自然生长，不加人工控制，枝梢生长会参差不齐，稀密不匀，往往形成少数枝梢徒长、单枝延伸，树体单一、过高，不能形成低干、矮冠、分枝多、树冠紧凑的丰产树形。因此，在幼树定植1～3年内，要进行合理的整形修剪和抹芽放梢等措施，培养好骨干枝，促使抽梢整齐一致、充实健壮，增加分枝级数，加速树冠形成，为早结、丰产打下基础。

（二）幼树的整形

1. 树形选择　合理的树形是柑橘早结、丰产、稳产、优质的基础，根据柑橘的生物学特性，最理想的树形是自然开心形。其树形特点为：主干高度20～30厘米，在主干上配置3个主枝，主枝与主干成30°～45°角，三大主枝向上开展伸长，每个主枝上配置3～4个副主枝，副主枝间的距离为25厘米左右，并相互错开，在主枝、副主枝上均匀培养若干侧枝和枝组，无中心干，树冠中部开心。这种树形，骨干枝少，从属关系分明，树冠形成快，进入结果期早，丰产后修剪量也小，且树冠表面多凹凸，阳光易透入树冠内部，树冠内外能立体结果。

2. 整形过程　苗木定植第一年，于苗高50～60厘米处短截定干。春季发芽后，抹除20厘米以下的嫩芽，作为主干。在主干离地面20厘米以上选留生长强健、不同方位、分布均匀和相距10厘米左右的3个新梢，培养成主枝，其他枝梢除少量留作辅养枝外，其余全部抹去。留下的主枝，使其与主干构成30°～45°角，当主枝长到30厘米时摘心。一般可以从春梢中选留第一主枝，从夏梢、秋梢中选留第二主枝、第三主枝。为了使春梢发育良好和夏梢早日抽发，应及时对春梢先端未成熟部分摘心，促其粗壮、老熟。夏梢抽发后，每枝春梢上仅选留2～3个健壮夏梢，其余全部抹除。当夏梢长至8～10片叶时及时摘心，使其早充实，并早抽发秋梢，每一夏梢上秋梢也保留2～3个，其他全部抹去。

第二年，短截主枝延长枝、选配副主枝、抹芽、摘心、疏蕾等。春季萌芽前短截主枝延长枝，对去年秋梢先端不成熟部分进行短截，如第一年第一主枝、第二主枝未选配的，可继续在春梢中选定，并将主枝上可培养为结果枝组的侧枝也适当短截，使主枝、枝组的大小、强弱有明显区别。春梢萌发后，选先端一强梢作为主枝延长枝。在主枝基部距主干约40厘米处，选留第一副主枝，第一副主枝位置不宜过低，过低易下垂近地面，亦不宜过高，过高生长不良，不易培养。其余的抹芽、摘心，方法同第一年。幼树在第1～3年内花蕾一律疏除。

　　第三年，继续培养主枝、选留副主枝，配置侧枝，使树冠迅速扩大。其操作是：短截主枝延长枝，同第二年。在各主枝上离第一副主枝30～40厘米处再配置第二副主枝，再隔30～40厘米配置第三副主枝，副主枝方向互相错开。在主枝、副主枝上应注意选配侧枝，对这些侧枝及时短截、摘心，摘除树上的花蕾。如此培养三年就可形成分枝多、树冠紧凑、矮冠低干的自然开心形树冠。

　　在整形过程中要保持各主枝之间生长势相对均衡，如果差异过大，对强势主枝进行引缚，使其开张，以削弱其生长势，对弱枝则宜使其梢直立以增强长势。此外主枝宜向上一定角度斜立，四周均可配置侧枝；如果主枝着生角度太大，则枝条背上易发生强旺枝条，处理不当，树冠内部则枝条拥挤，主次不分，难以形成自然开心形。自然开心形在整形过程中，注意以下几个问题：①主枝不宜过多，一般以3个为适宜，最多不得超过4个；②主枝、副主枝、侧枝以及结果枝组各自之间，均务必主次分明；副主枝和侧枝越在下部的宜留长，越往上部着生的宜留短，使主枝、副主枝、侧枝各个枝组均呈三角形分布；③主枝要保持斜直生长，向内抽生的新梢要及时进行摘心、短剪或删除，保证开心形的形成。切忌放任生长、造成树冠中心拥挤，破坏开心形的形成；④自然开心形成年树冠控制在2.0～3.0米以内，树高控制在3.0米以内较为理想。

（三）幼树的修剪

　　柑橘幼树以整形为主，在整形的基础上适当修剪，且修剪量宜轻，其主要方法为：

1. 短截延长枝　剪去主枝、副主枝等延长枝顶端部分密集芽，其余内膛枝一般不剪，下部的枝梢亦应尽量保留，使其早结果。

2. 摘除花蕾 对未达投产期的幼树开的花朵，应摘除花蕾和幼果，促使枝梢生长，扩大树冠；对已投产的幼树，可抹除夏梢保果。

3. 疏剪无用枝 及早剪去病虫枝、扰乱树形的徒长枝、交叉枝、重叠枝，以免扰乱树形和消耗营养。

4. 抹芽放梢摘心 柑橘的芽是复芽，芽的萌发率和抽枝力强，可利用抹芽放梢的办法，促使幼树多分枝，新梢抽生整齐、均匀、充实健壮。春季发芽前追施速效性氮肥，猛攻春梢，让其自然生长，春梢自剪前摘除顶端1~2厘米嫩梢打顶，使其生长充实。5月至6月上旬零星萌发的夏梢，随时抹去，到6月中旬大部分芽萌发后，即停止抹芽放夏梢。当夏梢生长达20厘米左右时摘心，促使老熟。主枝延长枝到30厘米长时摘心，培养树冠骨架。8月立秋前零星萌发的秋梢随时抹除，到8月上中旬树上萌芽大部分发出时，进行统一放秋梢；当秋梢生长达20厘米左右时摘心，使生长健壮，但对于下一年准备结果的树，放出的秋梢作为结果母枝，不能摘心，以免减少翌年的花量。为使新梢整齐，在放梢前一天，抹芽要彻底，对萌发不久的短芽亦要抹除。此外，对于高部位的应多抹1~2次或迟4~7天放梢，让部位低的新梢长得长些，经几次梢期的调节，逐步使树冠平衡。同时对于下一年准备结果的树，还要注意适时放秋梢和控制夏梢的数量。因秋梢生长数量和质量与夏梢有关，如果夏梢过迟放梢，萌发的数量多而短弱，秋梢数量亦相对减少；如夏梢萌发的数量适中、健壮，则秋梢数量增多。一般有40%~50%的春梢萌发多条夏梢时可放梢，而秋季要有70%~80%基枝萌发多条秋梢才可放梢。每次放梢前10天左右，都要追施速效性氮肥，促进新梢萌发；放梢后要根据植株新梢的强弱，适当追肥，特别是秋梢的壮梢肥不能过多，否则会促发晚秋梢或冬梢。放梢期间最好是有阵雨的阴凉天气，土壤水分要充足，如干旱酷热应避免放梢，并要重点防治潜叶蛾。当夏梢、秋梢长至5~6厘米时，如枝梢过密，要及时疏梢，每条夏梢留2~3条，秋梢可多留些。留梢过多，新梢短弱；留梢太少，新梢趋向徒长。

六、成年结果树的修剪

结果树修剪因树龄、结果情况和修剪时期而异。冬剪在采果后至春芽萌发前进行。泸溪一般在采果后即可开始修剪，主要是疏剪枯枝、病虫枝、衰弱枝、交叉枝、衰退的结果枝和结果母枝等，调节树体营养，控制梢果比例，对一些枝条也可作适当回缩修剪。夏剪主要有抹芽、摘心、短截、回缩等，是对春梢、夏梢、秋梢及徒长枝的修剪，促进结果母枝多而壮，保证翌年高产，重点在结果母枝发生前进行。

1. 整形修剪的目的　成年树整形修剪的目的是：保持树体营养生长和生殖生长的相对平衡，改善通风透光条件，及时更新枝组，培育结果母枝，克服大小年结果，达到高产稳产优质的目的。在修剪上宜轻剪，尽量保留绿叶层，因叶片是光合作用器官，不但制造养分，而且贮藏大量的养分，因此对叶片保留越多越好。

2. 修剪方法　大枝修剪是目前推广的一种简化修剪程序，是减轻劳动强度的有效修剪方法，与精细修剪相比，易于掌握。该方法从解决主要矛盾入手，打开树冠光路，促进内膛结果，提高全树产量和品质。

具体修剪方法是：在 3 月上旬至 4 月上旬，对成年柑橘园采用"开天窗"，锯除树冠中央遮光面大的密蔽大枝、交叉枝，保留主枝3～4 个，将树冠高度控制在 2.5 米左右；同时对侧枝"开侧窗"（回缩 1～3 根密侧生大枝），使树冠达到小空大不空，形成凹凸形，增强树冠内部通风透光性，以利坐果和减少病虫害；回缩行间交叉枝，避免郁闭，便于作业；剪除枯枝、病虫枝、交叉枝、退化枝、过密纤细枝、徒长枝（或短截填空），增强树冠通透性和减少树体营养消耗。

操作时应注意：锯大枝应分 2～3 年完成，一般一年只锯掉主枝粗大枝 1～3 枝，副主枝粗枝 2～4 根。一次性修剪量不宜过大，一次锯掉过多大枝会导致根系过量死亡，树势衰退，大幅减产；大枝锯掉后伤口要保护，锯截面应略倾斜，并用刀削平，涂上伤口保护剂，或用薄膜包扎。

每次处理过程，从锯粗大枝开始，然后换用整枝剪作预备枝的设定、果梗枝的整理及其他废枝（病虫枝、交叉枝、衰退枝等）的修剪，大枝修剪技术可比传统的以细枝修剪为主的修剪法提高工效6～10倍。

在大枝修剪的基础上，还应当辅以细枝修剪。对大枝修剪后树冠外围部分枝梢仍然密闭的，应当进行适当疏剪或回缩，改善通风透光条件；对衰退的枝组要进行回缩更新；对采果后的结果枝如枝条充实、叶片健壮，明春仍能从果梗基部发生良好生长枝和结果枝结果，应保留不剪，如结果枝细长、软弱、叶片黄化或无叶，可从结果枝基部剪除；如结果母枝衰弱，可从结果母枝基部剪除。

夏季修剪主要是抹除夏梢保果和回缩树冠外围上中部衰退的枝群，促发健壮的结果母枝。夏梢如需填补树冠空缺进行短截或摘心外，其余一律抹除。

此外，根据树的不同类型，应采取相应的技术措施和修剪方法：

小年结果树是上一年结果多，养分消耗大，抽生夏梢、秋梢极少，树势比较衰弱，所以引起第二年成为小年。对小年结果树，早春修剪时，应尽量轻剪，多保留枝叶，细弱的春梢都可成为结果母枝，抽生结果枝结果，增加产量。当小年结果树开花结果后，可于夏季进行修剪，疏去一些密生枝和弱枝，使树冠通风透光，促进枝梢生长健壮，果实膨大，提高产量品质。

大年结果树是上一年结果少，养分消耗少、积累多，抽生了大量的夏梢、秋梢。由于果子少、枝叶茂密、营养充足，夏秋梢大部分都是结果母枝，可抽生结果枝结果成为大年。对大年结果树，早春修剪时可以适当重剪，疏去一些细弱的枝梢，减少花量，提高花质，节约养分，促进新梢的发生；在夏季可疏去一部分果，促进夏梢、秋梢的抽生。采果后及时追施速效肥料，恢复树势，并施足冬肥，促进花芽分化，使第二年小年结果不小，达到高产、稳产。

稳产结果树，一般宜轻剪。因营养生长和生殖生长基本平衡，营养枝与结果枝比例适当，可年年丰产。这类树开花适中，正常结果枝多，坐果率高，枝梢强壮，一般抽发夏梢、秋梢的数量不多，应予保留，待结果后再缩剪或短截。但是，如果抽发较多的夏梢、秋梢，即有可能使稳产树演变为大小年结果树，应大部或全部短截（保留二次枝的春段和三次枝的夏段）。结果过多时，应适当疏果。

旺长结果树，营养生长旺盛，开花结果少，甚至不结果。这类树应当控制氮肥用量，增加磷、钾肥用量，配合修剪，促使营养生长转向生殖生长。修剪时，要防止刺激枝梢旺长，多疏剪，少短截。其修剪要点：一是疏剪部分强枝。生长较旺的树冠不宜短截，也不宜一次疏剪过重，以免抽发更多强枝。要采取逐年疏删部分强旺侧枝和直立枝组，改善树冠内部光照，使枝梢多次抽生分枝，以缓和、削弱长势，促进花芽分化。二是断根控水，抑制根系旺长。可在 9～12 月，沿树冠滴水线处，开沟断根，使根系暴露一个月左右，达到断根控水的目的，削弱树体营养生长，促进花芽分化。三是促花保果。采用轻疏结果母枝、大枝环割等措施促进花芽分化；开花后抹除部分春梢和全部夏梢，以增加结果来控制树势，逐步达到梢果平衡，丰产稳产。

落叶树，由于病虫害或其他原因，树体落叶后枝梢衰弱。如落叶在花芽分化前，则翌年花少或无花，抽发的春梢多而纤弱，树势衰退。若在花芽分化后落叶，则翌年能抽生大量的无叶花枝，坐果率极低，树势衰弱。修剪要点：一是当枝梢局部落叶时，短截去无叶部分；二是枝组、侧枝或全树落叶，则重剪落叶枝，或重疏删和回缩落叶枝组，以集中养分供留下的枝梢生长；三是剪除密集、交叉、直立和位置不当的小枝和枝组，并短截留下的枝梢，促使更新；四是尽量保留没有落叶的枝梢和叶片；五是翌年及时摘除花蕾，疏除全部幼果。落叶树修剪时期宜在春梢萌芽时进行，并结合勤施、薄施肥料和土壤覆盖，以恢复树势。

受冻树的修剪：遭受冻害的柑橘树，应根据受冻程度适时适度修剪，在早春气温开始回升后，采取小伤摘叶、中伤剪枝、大伤锯干的措施。对枝干完好，但叶片枯萎未落的，由于未落的叶片会继续消耗树体的水分，应及早进行人工辅助脱叶，防止枝梢枯死；对无叶的小枝需进行适度短截，以促发新梢。枝、干受冻后短时间内冻伤和健康部分的界限难以区分，可待春梢萌动时再"剪枯留绿"。对冻伤痕迹明显的枝、干，应及时从枝干死、活界下 2 厘米处"带青"修剪，如果伤口较大，锯口应削平，用薄膜或涂蜡液包扎保护。受冻轻，落叶多的柑橘树，往往开花多，要消耗树体大量养分，对树体冻后的恢复影响很大。因此，春季开花前应短截或疏剪部分结果母枝，以减少花量。在第二次生理落果结束后，坐果较多的植株还应及时疏果，在保证有一定产量的前提下，使树体尽快得以恢复。对受冻较严重的柑橘树，在锯除伤枝的同时还应进行断根处理，以保证地上部分和地下部分的平衡生长，同时如果锯除的大枝较多，应对主干和主枝用石灰水刷白。

七、衰老树的更新

柑橘树由盛果期进入衰老期以后，营养生长极弱，衰老枝组增多，大小枝条干枯死亡，产量下降；或因种植过密、病虫危害、管理不良等原因造成树体衰老。对此，必须进行树冠更新。

树冠更新是对枝干进行不同程度的重修剪。原则上是去老换新，去弱留强，更新树冠，以达到恢复树势和产量的目的。树冠更新修剪的方法有三种，即：轮换更新、露骨更新、主枝更新。应根据树体的衰老程度，采取不同的修剪方法。

1. 轮换更新　对部分枝条衰退、部分枝条还能结果的衰老树，在 2～3 年内，轮流进行短截重剪，并对部分过密过弱的侧枝加以疏剪，保留大部分生长较强健的枝叶，在更新的几年内，每年均能保持一定的产量。新梢生长更好，日灼较少，恢复高产较快。

2. 露骨更新　对很少结果或不结果的衰老树，在树冠外围将枝条粗度为 2～3 厘米处短截，或将 1～2 年生侧枝全部剪除，骨干枝基部保留。当年即可抽生大量新梢，加强培育管理，第二年即可结果。

3. 主枝更新　对衰老较严重的树、过于密植造成侧枝分枝较高的树、受冻害严重或受病虫危害严重的树，可采取主枝更新。一般离主枝基部 70～100 厘米处锯断，将骨干枝强度短截，同时进行适当范围深耕、施基肥、更新根群。一般 2～3 年后树冠即可恢复，重新结果。

更新时期以春季萌芽前进行为好，此时日照不强烈，病虫害少，树体贮存养分多，更新后，树冠恢复快。但如春旱，可在春梢老熟后进行。

树冠更新后的管理是成败的关键，应做好如下：

（1）防晒：由于更新而失去大量绿叶，晒在烈日下，树枝树干极易日烧，如根浅对根群亦有很大损伤。往往新梢黄弱，叶色不正常，甚至树皮干枯、破裂，终至死亡。更新后的树枝树干应用稻草包扎或涂白，锯口要修平、光滑，涂上防腐剂或接蜡，地面应覆盖或间种作物。

（2）适当疏芽：更新后的树枝往往萌发大量新梢，应及时疏除，每一主枝上留 2～4 条分布均匀的新梢，构成树冠新骨架，当新梢长到 25 厘米长时进行摘心。疏芽最好分 2～3 次完成，避免伤口一时过多。

（3）加强肥、水供应和病虫防治：由于更新树体本身衰弱，树体更新后发芽很多，需要充足的养分才能使树体生长健旺，必须勤施薄施肥，全年施肥 5～6 次，以速效性氮肥为主，适当配合磷、钾肥施用。在每次新梢抽生前和抽生后施入。冬季施好有机肥，保暖越冬。雨季注意排水，不使柑橘园渍水烂根。干旱时要及时灌水，保证枝梢的正常生长发育。及时防治病虫害，保护新梢健壮生长。

八、郁闭柑橘园的间伐

密植柑橘园交叉封行后，通风透光不良，树冠下部和内膛枝条开始逐渐枯死，绿叶层及挂果部位整体向上推移，培育管理不便，病虫害发生严重，果实大小不一，肥料和农药成本上升，产量和品质下降，因此必须进行间伐或间移。一般平地每亩保留 40～50 株永久树，山地每亩保留 50～60 株永久树。

间伐或间移的主要方式有：隔株间伐、梅花形疏伐、隔行间伐或隔二行间伐一行，疏去原株数的 1/3，以后仍然过密时再隔株间伐。

间伐或间移应根据果园的具体情况而定，一般对亩栽 100 株以上的柑橘园，要进行隔株或梅花形间伐或间移。先确定永久树，然后隔一株伐一株或移除一株，第一行伐或移第一、三、五株，第二行则伐或移第二、四、六株依次类推，间伐或间移完成后，柑橘园密度为原来的 1/2；对亩栽 80 株以上的郁闭园，应先确定永久树，然后疏伐或移除郁闭临时树，将柑橘园永久树控制在 50～60 株/亩，使柑橘园通风透光，树体间有适当间隔，并成为独立树；对行间过密、株距适当的柑橘园可采取隔行间伐。

间伐宜采取分年疏枝间伐方式进行，即逐年对间伐树影响永久树的大枝进行疏删或回缩，缩小间伐树的树冠，使之不影响永久树生长，又确保产量，2～3 年后，间伐树已无空间利用时再伐除或挖除。但对已高度郁闭的果园临时树可一次性间伐，保证永久性柑橘植株能有充足的生长空间。

间移则在移植树移植前一年 9～10 月间进行断根，沿树冠滴水线挖深 30～40 厘米、宽 20 厘米左右的环形沟（其半径须大于主干周长），切断根系，剪平切口，晾根 1～2 天，然后沟内填入表土，再浇水，促发新根。第二年春季移栽时在预先断根处外方开始挖树，带土移栽，要注意保护好断根处发生的细根，并把它包裹在土团中，用草绳缠好土团，包扎结实后再移到定植点定植。移栽前应对树冠进行重剪，一般剪除总枝叶量的 1/3 为宜。

间伐和间移时间宜春季萌芽前进行。间伐或间移后应对保留下来的永久树剪除树冠中央直立郁闭大枝——"开天窗"，回缩树冠上部结果后的徒长枝组等，经过几年时间逐步控制树高在 2.5 米左右；疏除密生枝、交叉枝、严重病虫枝、过密纤细枝，使树冠形成凹凸形，达到小空大不空，增强树冠内部通风透光，增加坐果，减少病虫危害，改善果实品质。

九、柑橘的保叶

叶是果实生产的基础，多叶才能多果。柑橘栽培管理上极重要的环节是确保最多的健康绿叶，才能获得连年丰产优质的果实。叶片转绿不正常和不正常落叶都严重影响树势、产量和品质。

嫩叶能否转绿的关键是叶绿素的形成是否良好，光、温、水分、养分都影响着柑橘叶片的转绿；而根部和土壤情况影响养分吸收供应，对叶片转绿关系极大。光是形成叶绿素所必需，但过强的光，对叶绿素的形成积累起破坏作用。柑橘新叶在阳光不太强烈、蒸发不太大、土壤湿润、土温适宜于根群活动情况下转绿最快。在强阳光下如能保证水分、养分吸收正常，新叶也正常转绿。长期积水，根系吸收机能降低，叶片往往也表现缺乏各种元素症状。在积水地段上到秋冬因干旱容易大量落叶。低温也影响正常转绿，如遇寒风，晚秋冬梢更易表现转绿不正常。土壤缺乏形成叶绿素所必需的某种元素，也是影响叶片缺绿的原因。此外，输导组织受机械伤、虫蛀伤等，也会引起缺绿。缺绿严重会降低光合效能，生理代谢不正常。

柑橘叶片抽出后 17～24 个月，衰老脱落更新。这些脱落的老叶约有一半多（约 56%）贮存的氮能回到母枝上，但 9～10 个月龄的叶片如果脱落，则几乎没有氮的回流。因此即使在新叶成长后正常换叶期，如果老叶脱落过多，也会对树体营养造成相当的损失，而新叶脱落光合效能降低更严重，则损失更大。柑橘叶片是在秋冬积累养分，供花芽分化和分化后的春梢叶花的发育生长，从晚秋一直到开花前着重保叶，而开花后尽可能少落一些老叶则更为有利。叶片早落的原因很多，有不少和落果原因相同。

氮是影响叶片寿命最强的矿质营养，氮的缺乏则构成叶绿素和叶的其他组织的蛋白质分解成氨基酸和酰胺，作为氮源输向新生部分使用，叶片会因失去叶绿素而早落。夏秋由于树体营养生长和果实生长对氮的消耗，以及雨水的流失；晚秋又没有及时施氮补充，或施了肥，但因缺水而没有充分吸收，进入冬季后便逐渐"冬黄"，轻则主脉黄化，重则主、侧脉或全叶黄化，如继续缺氮则提早落叶，严重者会影响树势。这种缺绿症状和烂根、受水浸、深耕伤根过甚，或枝干的皮层受病害、机械伤（如环状剥皮），或砧木受病毒侵害使根系衰弱、导致根系的氮输向叶内受阻而出现的病状相似，由于叶中氮不足而引起叶脉和叶黄化。后述几种情况周年均能发生，也可能发生在含氮丰富和水分充足的土壤上，施肥也不能治愈；而"冬黄"施氮可以治愈，尤其施氨态氮恢复效果最快，这种"冬黄"是由于晚秋过干或冬寒的情况所引起。到春季萌芽，大量氮从老叶输向新枝叶和花朵，由于氮源缺乏，老叶便大量早落或在花期严重落叶。磷、钾缺乏则早落叶和花期落叶严重。在冬季缺镁引起的落叶尤其严重，缺钼可致使冬季严重落叶，缺锌也促进落叶。因生长素合成需要锌，生长素是左右离层形成的物质。此外铁、锰、硼等缺乏都会使叶色不正常而缩短叶的寿命。

某些元素过多，会中毒引起落叶。如过多的氯化钠，因叶片吸收氯离子比吸收钠离子多，形成氯过剩。过多的锌、铜、锰、硫、铁均会中毒落叶。

病虫危害，如红蜘蛛、矢尖蚧、天牛及炭疽病等，若为害严重，均会引起叶片大量脱落。

栽培管理措施不当，如选择农药种类、使用浓度、使用方法的不当而造成药害；根外追肥浓度过大，施肥过多造成的肥害；断根、环割、环剥不当等都会引起落叶。

不良的环境条件，如冻害、积水、干旱及空气干燥，春季骤然的高温都会促使叶柄形成离层而落叶。久旱之下叶片凋萎纵卷，这时就开始了叶柄离层的形成，但由于离层细胞的吸水能力薄弱，不能与其他细胞竞争而取得其细胞壁细胞水解所需要的水分以完成其离层的形成过程。一旦得到大量的水分，便跟着会大量落叶。故久旱骤雨或久旱卷叶后灌溉一时过量水会大量落果落叶。

大气污染，受亚硫酸或氟化氢的侵害而落叶，受氟毒的叶片较正常叶稍小，初期叶缘黄化，病情加重则叶端和叶缘坏死，余下的退绿部分表现似缺锰又似硼过多的症状。

　　保叶措施：①改良土壤结构。特别是山地的柑橘园，土层浅薄、坡度大、水土流失严重，树体生长发育不良，必须进行土壤改良，改良土壤结构，提高土壤肥力。②科学施肥。根据土壤特征特性和树势情况，确定施肥时间和施肥量，以确保柑橘对各种营养元素的需要。转绿期及时施肥充分供水，对转绿不正常植株通过检测，对症下药，及时追肥。采果前后要及时施肥恢复树势，增强叶片的生命力，延缓衰老，减少脱落。③防止根群受伤害。④合理使用农药。根据果园病虫害发生的种类、时期和数量，确定使用农药的种类、浓度、防治方法和时间。⑤及时排灌。在完善果园水利设施的同时，夏季可用作物秸秆、杂草进行全园覆盖，可减少土壤水分蒸发，抑制杂草生长。干旱发生时，要及时灌溉。低洼排水不良的柑橘园，应挖排水沟排水，防止柑橘园积水。⑥为了促进花芽分化，控水不要太早进行。⑦使用植物生长调节剂。⑧防寒。及时掌握气候预情，关注气象预报，冬季有冻害的时间段，提前采取措施，对树冠喷布抑蒸保温剂、霜冻来临前熏烟等办法，保护枝叶安全越冬。

第七章

柑橘的花果管理

一、影响柑橘坐果的因素

（一）柑橘的落蕾、落花及落果现象

柑橘落果状况因品种、树龄、开花多少以及环境条件、栽培管理等而异。其生理落果分两个时期。第一时期在谢花后不久即开始，小果带果梗落下，一般在谢花后 7～15 天落果最多；第二时期与第一时期无明显界线，一般过 10～15 天又出现第二次落果，延续 10～15 天落果较多，以后落果迅速减少。此段时期小果因营养不足从蜜盘脱落，果梗宿存。据泸溪县柑橘科研技术人员记载分析 1990 年对泸溪县武溪镇上堡村柑橘园进行落花落果调查，泸溪椪柑谢花后从 5 月 13 日开始到 5 月 28 日止落果率为 29.16％，其中5 月 17～21 日为落果高峰期，占第一次生理落果总数的 65.79％。第二次落果从 6 月 7 日开始到 7 月 4 日左右基本停止，落果率为 65.25％。其中 6 月 11 日至 21 日为落果高峰期占第二次落果总数的 80.56％。以上两次落果占总落果数的 94.42％。7 月以后的落果主要是外界条件影响所致。

（二）影响柑橘落花落果的因素

1. 落花落果的内在原因

（1）花发育不良：柑橘树有一个非常不同于其他果树的特点，柑橘是雌雄同株，除少数柚子外，一般不需要配置授粉树，所以培养发育良好的柑橘花至关重要。柑橘不同种类、品种都有不同程度的不完全花（退化花、畸形花），如柱头、子房细小或缺乏，花柱短缩弯曲、雄蕊短厚呈匙状等。不完全花结实率极低。此外蕾期温度过低、树势衰弱、干旱、落叶严重、营养缺乏，则出现早期花退化和退化花增多或呈畸形而不能开花。

（2）新梢生长与花果生长发育争夺养分的矛盾：由于开花和小果期，生长激素水平低，营养物质分配不平衡，养分大量流向新梢叶片生长，不能满足果实发育的需要而造成大量生理落花落果。生长旺盛的幼龄结果树，由于枝梢生长过旺，争夺养分过多，引起落花落果严重，甚至落光，花而不实。老龄结果树生长势弱，开花多，养分不足，落花落果也很严重。青壮年树，正是盛果期，生长与结果比较协调，落花落果少。

2. 落花落果的外在原因

（1）授粉受精不良影响结果：柑橘是有核品种，如果花期低温阴雨，未能正常授粉受精，是落花落果的重要原因之一。因花期连续低温阴雨，影响昆虫活动，使授粉受精不良，造成花、果大量脱落。

（2）营养不足：营养不足是落蕾、落果最主要的因素，花果发育需要充足的营养物质，如果营养不足，往往在花蕾期已脱落，同样因缺乏营养，雌雄器官和种子发育不健全造成大量落果，坐果率很低。营养状况良好，树势壮健，根、叶机能健全，吸收和光合机能旺盛，具有优良充实的结果母枝和结果枝，花果发育良好。营养不足，树势衰弱，花果发育不良，极易落花落果。但是生长势过旺的树，往往不易着花，即使有了花，也往往由于结果枝生长势过强，影响花的发育而落蕾。

（3）干湿失调：在干湿失调时无核柑橘更易落果。在干旱状态下，养分水分吸收困难，光合作用效能降低，制成的有机物质转运受到障碍，加以叶渗透压比小果的渗透压高，其吸水力比小果强，干旱更容易引起小果缺水，在生理落果期特别易引起严重落果。久旱骤雨，常引起裂果而落果，这是由于果实吸水不平衡，果皮的增大比果肉慢的原因，致使产生裂果，最后造成落果。

雨水过多柑橘园渍水，引起烂根，使根系吸收能力降低，减少水分影响矿物质的吸收，也会引起落果。尤其是在低温阴雨、光照不足、大风、暴雨等条件下，会造成大量落花落果。

（4）日照不足：密植园枝叶交叉，阳光透入不良，内部枝叶同化机能低，树冠内部成花较少，即使成花，也因营养不良而造成发育不完全，虽开花亦因有机营养物质缺乏而落花落果，故密植园多是树冠表面结果。间疏植株或大枝、改善果园光照条件，效果良好。长期阴雨，连续影响光合作用，亦引起落果。

（5）病虫灾害等：农药使用不当伤害果实也会引起落果。在花蕾期喷施松脂合剂会使柑橘花变成露柱花（畸形花）。开花期喷施松脂合剂、石硫合剂会使花的柱头受害而致落果。

病虫害和自然灾害直接、间接引起落果。在生理落果期发生红蜘蛛、金龟子等吸食树液，啃食绿叶，引起落果。成长的果实受炭疽病、吸果夜蛾、椿象等危害，引起大量落果。同时病虫为害枝叶，影响树体的生理功能，树势变弱，间接引起落花落果。

二、保花保果

柑橘开花很多，但能结成果实的却不多，通常结果的成年树有1万～5万朵花，但坐果率仅为2%～8%，泸溪椪柑的坐果率为5%～9%，柑橘落果主要在第一次生理落果期，带果梗脱落，第一次落果主要是花器发育不全，畸形花和授粉受精不良所致；第二次生理落果期落果较少，其落果原因是营养不足、果梢矛盾、内源激素失调等引起。此外，树体衰弱，结果母枝和结果枝纤细，花期阴雨低温、日照少，光合作用弱，幼果期异常高温、干旱，以及风害、虫害等也造成柑橘落果。"小年树"和幼龄旺长结果树，为提高产量必须进行保花保果，如不保花保果"小年树"则产量会更少。幼龄旺长结果树因花与新梢争夺养分，花果营养不足，发育不全，造成大量落花落果，所以对柑橘结果树要因树制宜，进行保花保果，提高产量。

防止异常生理落花落果，常采取以下措施：

（一）施肥控水，促进花芽分化

施肥是影响柑橘树花芽分化的重要因素。已到投产期的柑橘树却不开花或少开花，常与施肥不当有关。柑橘的花芽分化需要氮、磷、钾等营养元素，而过量的氮素又会抑制花芽的形成。尤其是肥水充足的柑橘园，大量施用尿素等氮肥会使植株生长过于旺盛，营养生长超过生殖生长，从而使花芽分化受阻。在柑橘的花芽生理分化期，叶面喷施磷肥可促进花芽分化，增加花量，这对旺树尤为有效。钾对柑橘花芽分化的影响，轻度缺钾开花量稍有减少，过量缺钾也会引起花量锐减。因此，合理施肥尤显重要，特别是秋后施用采果肥对翌年柑橘花的数量和质量影响极大，同时叶关系到翌年春梢的数量和质量，以及树势的强弱。采果肥施用期以 9～10 月采果前施比 11～12 月施效果好。柑橘花芽生理分化一般在 8～10 月开始，此时补充营养有利花芽分化的顺利进行。

在花芽分化开始时适当进行控水，以提高树体细胞液浓度，有利花芽分化。肥料用经沤制腐熟的枯饼或猪牛栏粪土施，也可叶面喷施 0.3％的磷酸二氢钾或 1％复合肥 2～3 次。

（二）增加叶片，保叶过冬

通常柑橘是叶多果多，所以栽培上培养健壮的树势，增加叶片，防止落叶，有利花芽分化和提高产量。夏秋干旱会导致不正常落叶，要及时灌水或覆盖。冬季有冻害的产区要防寒保叶，果实采收前后要施有机肥，以恢复树势，同时做好病虫害的防治。

（三）合理修剪，提高坐果率

生产实践总结，疏果不如疏花，疏花不如疏蕾，疏蕾不如适当修剪。在加强肥水管理的基础上，对柑橘进行春剪和夏剪，可节省养分消耗，提高花芽质量使树体透风。春季可修剪无花、过多的营养梢 1/2 或 1/3、剪去无叶的花序枝、密枝、重叠枝等改善通风透光。对上年结果多、采收迟、花量少的树在春梢长至 2～4 厘米时，采取疏弱留强，按"三疏一""五疏二"疏去部分春梢，若花量多，树势弱，应适当疏去部分花蕾或花枝；夏季对萌发的夏梢除了树冠补缺以外，要全部及早抹掉，控制夏梢的萌发，缓和营养生长和生殖生长的矛盾，充分满足花果对养分的需求，已达到促花保果的目的。

（四）巧施追肥，促花保果

春梢生长、开花，消耗大量的养分，而未转绿的新叶所制造的碳水化合物，仅够自身生长，到谢花时，叶片所含的氮、磷已很少。可在现蕾前15天左右，施氮肥为主的促花肥，谢花后适当施磷钾肥，减少落果，促进果实的正常发育。施肥不能多，以不引起夏梢抽生为度。因树施肥，即结果少的树少施或不施，结果多的树适当施。春梢转绿期喷施0.3%～0.5%尿素，可促春梢转绿；7月上中旬重施有机肥，以壮果促秋梢；开花至幼果脱落期，遇阴雨绵绵，根本无法及时施肥的可叶面喷施。

（五）控制夏梢，调节果梢矛盾

柑橘幼年、壮年结果树，营养生长旺盛，控梢保果，就是人为地调节营养生长和生殖生长之间的矛盾，抑制营养生长，促进生殖生长，提高坐果率。夏梢抽生会导致大量落果，此时在栽培上用控肥的办法抑制早夏梢。除谢花后因树施肥外，对已萌发的夏梢要及时抹除。

（六）使用植物生长调节剂、微肥调控

随着柑橘保果技术的发展，对坐果率低的品种，使用生长调节剂保果，已在生产上广为应用，泸溪椪柑采用主要有赤霉素（九二〇）、增效液化 BA＋GA 进行保花保果。

1. 应用赤霉素（九二〇）　赤霉素是目前公认效果较好的保果剂，其使用浓度为30～100毫克/千克。在谢花2/3时和第二次生理落果前各喷施1次50～100毫克/千克的赤霉素，能提高2%～3%，喷洒时注意将药尽量喷在花和幼果上，另外，在谢花后用200～250毫克/千克赤霉素混合液涂幼果核果梗，效果更理想。注意赤霉素粉剂使用前须用少量酒精或浓度较高的烧酒溶解，然后用

水稀释。但不能与碱性药混用。

2. 增效液化 BA＋GA 保果剂　增效液化 BA＋GA 保果剂是采用最新技术，集助溶、助渗、展着、防畸和增效技术于一体的高效稳定保果剂。产品安全无毒、无残留，使用范围广，对防止脐橙、甜橙、血橙、椪柑、杂柑、温州蜜柑等柑橘品种的生理落果效果明显。经过增效液化的 BA＋GA，BA 分子能够完全溶于水，久置也不会出现沉淀结晶现象，使用时无需再经过繁琐的配制过程，不需要添加任何展着剂，直接加水即可使用。与传统的 BA 热酒精溶解法相比，柑橘对液化 BA 的吸收利用率提高 1 倍，GA 的稳定性提高，保果效果得到充分发挥，可使脐橙和其他无核少核柑、橘、橙类易生理落果的品种增产 $50\%\sim100\%$，果实增大 $1\sim2$ 级别，是目前柑橘生产中最优良的专用保果剂。

（七）加强病虫防治，保花保果

危害柑橘的病虫害很多，直接危害花果的就有花蕾蛆、吸果夜蛾、卷叶蛾、螨类、蚧类、炭疽病等，防治不及时，会引起大量落花落果，降低产量。做好病虫害防治工作，对提高产量品质至关重要。

利用环割、环剥、环扎、断根、园地覆盖、扭梢、柑橘园放蜂，也可起到保花保果作用。

三、疏花疏果

柑橘在盛果期花果过多，消耗树体营养极大，不但果实偏小，影响果实的等级质量，而且抑制新梢生长，形成大小年结果使树势衰弱。通过疏花疏果，将过多的花、过多的果疏除，有利于提高果实等级，防止大小年结果现象。

（一）疏花疏果的作用及意义

1. 柑橘树稳产　花芽分化和果实发育往往是同时进行的，当营养条件充足或果实负载量适当时，可保证果实膨大，和花芽分化；而营养不足或花多果多时，则营养的供应与消耗之间发生矛盾，过多的果实抑制花芽分化，削弱树势出现大小年结果。进行合理疏花疏果，调节生长与结果的关系，是连年稳产，提高产量品质的措施。

2. 提高坐果率 疏花疏果疏去了一部分果实，节省了养分的无效消耗，减少了由于养分竞争而出现的幼果自疏现象，减少无效花，增加有效花的比例，从而可提高坐果率。

3. 提高果实品质 通过疏花疏果，减少了结果数量，留下的果实养分供应充分，整齐度增加。疏果时疏掉了病虫果、畸形果和小果，提高了大果率、优果率。

4. 树体健壮 开花坐果过多，消耗了树体贮藏营养，叶果比变小，树体营养的制造状况和积累水平下降，影响翌年生长；疏去多余花果，提高树体营养水平，有利于枝、叶和根系生长，树势健壮。

（二）疏花疏果的方法

1. 利用药剂疏花疏果 用药剂疏果，简单方便，但技术难掌握，药剂使用方法和使用浓度不当，易出现疏果过量或疏果不足。即使同一个柑橘园，每年用相同的浓度在相同的生理时期疏果，取得的效果也不完全相同，因药剂疏果的效果不仅受到柑橘品种（品系）、树势、幼果状况的影响，也受外界温度、湿度、光照等因素的影响。泸溪柑橘目前生产上不采用药剂疏花疏果。

2. 利用人工疏果

（1）柑橘疏果级别的划分：柑橘果实膨大具有一定的规律性，泸溪椪柑在7月中旬定果后，每月果径长大1厘米左右。在肥水供足、管理正常的情况下，7月下旬果径≥2.5厘米或者8月下旬果径≥3.5厘米，9月下旬果径≥4.5厘米，到11月中下旬收时果径≥6.5厘米，均可达到特级或一级果；7月下旬果径＜1.5厘米或8月下旬果径＜2.5厘米、9月下旬果径＜3.5厘米，至11月中下旬采收时果径＜5.5厘米，则为三级及等外级果。如在此期间加强管理，即足量施肥、适时灌水和疏枝疏果等，果形会增大，果径上靠0.1～1级；反之，如供肥不足，干旱缺水，挂果过多，病虫危害，则果形变小，果径会下降1～2级。照此规律制定"柑橘疏果级别表"（表7-1），把7～11月长果期间的疏果级别划分A、B、C、D、E五级，以便疏果技术的应用和操作。

表7-1　泸溪椪柑疏果级别

果径单位：厘米

时间	A级	B级	C级	D级	E级
7月中下旬	≥3.0	<3.0至≥2.5	<2.5至≥2.0	<2.0至≥1.5	<1.5
8月中下旬	≥4.0	<4.0至≥3.5	<3.5至≥3.0	<3.0至≥2.5	<2.5
9月中下旬	≥5.0	<5.0至≥4.5	<4.5至≥4.0	<4.0至≥3.5	<3.5
10月中下旬	≥6.0	<6.0至≥5.5	<5.5至≥5.0	<5.0至≥4.5	<4.5
11月中下旬	≥7.0	<7.0至≥6.5	<6.5至≥6.0	<6.0至≥5.5	<5.5

（2）柑橘疏果时间：柑橘疏果时间应选在定果后的前几个月较为有利，即第一次疏果在7月中下旬至8月上旬，第二次、第三次疏果分别定在8月中下旬及9月中下旬。

（3）柑橘疏果的方法：第一次疏果（7月下旬至8月上旬）疏去病虫果和畸形果，同时把E级（果径<1.5厘米）或D、E（果径<2.0厘米）密生小果疏掉，每亩栽植60～70株，每株留果550～600个，叶果比为60:1左右。第二次疏果（8月中下旬）疏去伤疤果、树冠下部遮阴果，且把E级（果径<2.5厘米）或D、E级（果径<3.0厘米）小果疏掉，每株留果420～500个，叶果比为（60～80）:1。第三次疏果（9月中下旬）疏去有严重病斑、伤疤果和E级（果径<3.5厘米至≥4.0厘米），要求每株树留果320～400个，叶果比为（80～100）:1，每亩产量2 500～3 600千克，特级、一级优果率达70％以上。总之，柑橘疏果要抓好前3次，若疏后仍然挂果太多，还可以进行第四次、第五次疏果。

（4）特殊情况下的疏果：结果少的树，营养枝发生多，果梗粗的果实多，品质差，翌年春季花量可能会过多。疏果的时期宜迟，以精准疏果为主，果梗粗的果实宜保留一部分，以便矫正大小年结果。幼年树如果要其迅速扩大树冠而不结果，可以进行人工彻底疏果。如果要让幼树一边结果一边扩大树冠，可疏除树冠顶部、中上部的果实，让中下部枝条和内膛枝结果。

第八章

柑橘病虫害的综合防控

柑橘病虫害是柑橘病害和虫害的总称。柑橘在生长和储运过程中，由于遭受病虫为害，柑橘植株生长不良、产量降低、果品变劣。为害重的年份产量可减少50％，甚至毁灭整个柑橘园或完全无收。因此，做好柑橘病虫害的防治工作是确保柑橘优质高产的一项十分重要的措施。

柑橘病虫害防治应特别强调和贯彻"预防为主、综合防治"的植物保护方针。因此，加强柑橘病虫害的研究及防治工作，把柑橘病虫害造成的损失控制在经济允许受害水平以内，确保柑橘优质、高产和人、畜安全。

一、综合防治

（一）综合防治是保护柑橘的有效手段

纵观综合防治历史，单靠某一种防治方法或措施是很难奏效的。只有对柑橘病虫害采取综合防治的方法，才能取得令人满意的防治效果。由于农药具有前所未有的高效、速效、使用方便等特点，当时人们十分乐观，认为消灭害虫的时期为期不远了，而忽视了生物防治及其他各种防治方法的合理使用。多年来，由于连续大量使用有机氯、有机磷等多种农药，也产生了许多人们意想不到的问题：①由于大量杀伤天敌，使柑橘园生态平衡遭受严重破坏，使某些原来次要的害虫变成主要害虫。②使害虫产生抗药性，导致农药越喷越浓、越喷越多的现象。③为害人、畜健康和造成环境污染等。

（二）综合防治的原理和措施

综合防治的原理是：从生态学的观点出发，本着防重于治的指导思想和经济、安全、有效的原则，因此，因时制宜地合理运用农业、化学、生物和物理机械等方法，以及其他有效的防治手段，把病虫害控制在经济允许受害水平之内，达到增加生产、提高品质以及保护人、畜健康的目的。

1. 植物检疫 植物检疫是一种用法规防治病虫害的方法，是由国家制定法律，设立专门机构，采用各种检疫手段及其他措施，严禁危险性的病虫害输入、传出和传播，严格封锁和就地消灭新发现的毁灭性病虫害。植物检疫这种防治方法，从表面上看，似乎不是一种积极性措施，其实是一种重要的防治方法。它至少有两个方面的好处：第一，保护农作物免受新的毁灭性病虫害的为害；第二，植物检疫可促进对外贸易。

2. 生物防治 柑橘园是一个特殊的农业生态环境，它以多年生常绿的柑橘为主体，构成柑橘园的生物群落，其生态条件比一年生的大田作物稳定，害虫和天敌种类也较丰富，而且两者常能相互制约。生物防治是利用某些生物或生物的代谢产物去控制有害生物的发生和危害的一种方法。生物防治对人、畜安全，而且害虫对天敌不会产生抗性，一旦天敌优势群落形成，就能长期控制病虫害；柑橘园天敌资源丰富，原材料易得，适于自力更生，就地取材，易于发动群众大面积实施。柑橘病虫害生物防治的主要形式是：

（1）以虫治虫：利用天敌昆虫（包括蜘蛛和益螨）消灭害虫，就称之为以虫治虫。

（2）以菌防治病虫害：利用微生物（真菌、细菌和病毒等）及其代谢产物防治病虫害的发生和危害，叫以菌防治病虫害。它至少有以下几个方面的好处：微生物繁殖快，用量少，不受作物生长期限制，与少量化学农药混用可以增效和药效一般较长等。但病原微生物对温度、湿度条件要求较高，因此在应用上受到一定的限制。

3. 农业防治 农业防治是利用农业栽培等各项技术措施,有目的地改变某些环境因子,创造出不仅能保证柑橘良好的生长、发育的适宜条件,而且也能经常保持足以抑制病虫害大发生的条件。由于农业栽培措施可以直接或间接地影响病虫害的发生、发展。因此,各地只有在摸清栽培管理措施与病虫发生消长的关系的基础上,因地制宜,灵活运用各种栽培手段,才能减少或消灭某些病虫害,起到事半功倍的作用。这是一项比较经济、安全且具有预防意义的措施,所以说,农业防治是综合防治的基础。在柑橘上,农业防治主要是靠以下几个方面来实施完成的:

(1)培育无病虫害的品种是预防病虫危害最重要的一个农业措施。

(2)建立无病虫害育苗基地,实行苗木注册制度,为果农培育出大量无病虫害的优质种苗。

(3)合理施肥、科学用水、增强树势是农业防治的常用方法。

(4)及时修剪、清园是减少病虫源,改善柑橘园通风透光条件的一项重要措施。

(5)及时改造衰败柑橘园。

(6)设置防风林。防风林能避免或减轻冻害和大风所引起的伤口,从而可有效地预防溃疡病和柑橘树脂病。

(7)提倡生草栽培,一是防止水土流失,肥培土壤;二能改善生态环境,使许多捕食性天敌得到了有利的隐蔽栖息场所,增强了自然控制柑橘园害虫的能力。

(8)合理间作和混栽,可防治某些病虫害的发生与危害。

(9)及时挖除柑橘病株是根除某些危险性病害的有效措施(如溃疡病等)。

综上所述,农业防治的主要优点是:可预防或根除某些病虫害的发生和危害,因为其可消灭或压低病虫源或恶化病虫的发生发展条件;可节约成本,易于推广。因为农业防治在绝大多数情况下是结合耕作栽培管理的必要措施来进行防治病虫害的,无须特殊的设备和器材,一般不增加劳动力。

4. 物理防治 物理防治是利用简单器械和各种物理因素（光、热、电、温度、湿度和辐射能等）来防治柑橘病虫害的方法。

（1）热处理消毒。利用热水、蒸汽处理柑橘的枝条种子，可有效地消毒苗木和接穗芽条脱毒。

（2）利用覆盖农膜防治病虫害。

（3）光色诱杀。通过悬挂频振式杀虫灯、趋色板（如黄板）等方法诱杀害虫。

（4）辐射处理。

5. 化学防治 化学防治是利用化学农药防治病虫害及其他有害生物危害的一种方法，它具有高效、速效、特效和方便的优点。但是，由于大量、长期、单一地使用农药，结果产生了一些难以解决的问题：①使害虫产生抗药性。②杀死和杀伤了大量天敌。③毒害人、畜及造成环境污染。总之，农药虽有它的好处和重要性，但也存在着不少的弊端。因此，我们在使用农药时，必须合理使用及注意与其他的防治方法互相配合，发扬它的优点和克服它的缺点。

（1）确定防治阈限：防治阈限也叫经济阈限，其意为防治害虫密度达到经济受害水平（引起损失的害虫低密度）应进行的防治害虫密度。每一害虫是否要进行防治，首先要确定该虫的密度是否已达到防治所需的要求，即防治阈限。其次，确定每种主要害虫的防治阈限是确定施药时期及避免盲目用药的可靠依据。

（2）对症下药：一般说来，各种农药都有它一定的防治范围和对象。在决定使药时，首先搞清楚防治对象，然后对症下药。这样可避免因乱用药剂而增加施药次数、杀伤天敌和使环境污染等。

（3）及时施药：要有效地防治病虫害，必须抓住防治适期施药。因为一般说，每种病虫害都有一个防治效果最好的施药时期即防治适期。若错过这一机会，就难以收到满意的防治效果。

（4）合理混用农药：合理的农药混用不仅能节约人力、物力和财力，同时还能减少对环境的污染和天敌的伤害。

（5）改变施药方法及时期：用此法能减少对天敌的杀伤，起到保护天敌、消灭害虫的目的。在早春和冬季天敌数量相对较少时施药防治标靶害虫，这样不但杀死了标靶害虫，而且同时也减少了对天敌的杀伤等。

（6）交替使用机制不同的药剂：交替使用作用机制不同的药剂是防止和延缓害虫产生抗药性的有效方法。

（7）选用选择性较强的药剂：选用对天敌杀伤作用小，而对标靶害虫杀伤作用强药剂，是保护天敌、增强自然控制能力的有力措施。

柑橘病虫害防治要科学使用化学药剂。一是不得使用高毒、高残留的农药。在柑橘生产中禁止使用的农药有：六六六、滴滴涕、毒杀芬、二溴氯丙烷、杀虫脒、二溴乙烷、除草醚、艾氏剂、狄氏剂、汞制剂、砷、铅类、敌枯双、氟乙酸胺、甘氟、毒鼠强、氟乙酸钠、毒鼠硅、甲胺磷、甲基对硫磷、对硫磷、久效磷、磷胺、甲拌磷、甲基异柳磷、特丁硫磷、甲基硫环磷、治螟磷、内吸磷、克百威、涕灭威、丙线磷、硫环磷、蝇毒磷、地虫硫磷、氯唑硫、苯线磷等，以及国家规定禁止使用的其他农药。二是使用农药防治应符合《农药安全使用标准》（GB 4285）和《农药安全使用准则》（GB/T 8321）所有的要求。

柑橘病虫害无公害防治农药要合理使用。对主要虫害的防治，应在适宜时期喷药；病害防治在发病初期进行，防治时期严格控制安全间隔期，施用药量和喷药次数，注意不同作用机制的农药交替使用和合理混用，避免产生抗药性。

综上所述，综合防治中的各种防治手段，都各有利弊，需要因时因地制宜灵活选择。但必须强调的是，在柑橘园病虫害的综合防治中，农业防治是基础，应尽可能采用。生物防治十分重要，这是由于柑橘树是常绿植物，并由此为主而构成特殊的农业生态系统所决定的。化学防治当然重要，但最好少用，当非用不可时才用。物理机械防治对防治某些病虫害是相当有效的，应积极采用。植物检疫防治对列为检疫对象的危险性病虫害的危害及蔓延十分有效，务必严格执行。

二、柑橘主要病害及防治

(一)生长期病害

1. 炭疽病 为害枝梢、叶片、果实和苗木，有时花、枝干和果梗也受为害，严重时引起落叶枯梢，树皮开裂，果实腐烂。

（1）症状：炭疽病分以下不同的症状类型。

①普通炭疽病：根据病害发生和蔓延速度的不同，分为两种症状类型。

慢性型：多发生于老熟叶片和潜叶蛾等造成伤口处，以干旱季节发生较多，病叶脱落较慢。病斑轮廓明显，多从叶缘或叶尖开始发病，病斑近圆形、半心形或不规则形，直径为3～20毫米，淡黄色或灰褐色，后变褐色，周围有深褐色细边，与健部界限明显。后期或天气干燥时，病斑中部干枯呈灰白色，表面密生轮纹状排列的小黑粒点（分生孢子盘）。在多雨潮湿天气，病斑上黑粒点中溢出许多橘红色黏质小液点（分生孢子团块）。

急性型：主要发生于雨后高温季节的幼嫩叶片上，病叶腐烂，很快脱落，常造成全树大量落叶。多从叶缘和叶尖或沿主脉生淡青色或青褐色（少数为暗褐色）开水烫伤状病斑，迅速扩展成水渍状、边缘不清晰的波纹状圆形、半圆形或不规则形大病斑块，一般直径可达30～40毫米，甚至蔓延及大半个叶片，病斑自内向外色泽逐渐加深，呈浅灰褐色至深褐色的明显环纹状，外围常有黄色晕圈，与健部界限明显。病斑上亦生有橘红色黏质小液点或小粒点，有时呈轮纹状排列。

②落叶性炭疽病：在老叶上发病多，病情扩展迅速，造成大量落叶。叶片发病多从叶尖开始，少数自叶缘一侧开始，生淡青色而稍带暗褐色的病斑，后迅速向叶基部扩展成黄褐色至深褐色、边缘不清晰、云纹状近圆形或不规则大病斑，有时达全叶的1/2～2/3。一般病叶表面不产生分生孢子盘，若遇阴雨天气，在病健交界处的病部生无数黄褐色小粒点（分生孢子盘），或浅橘红色带黏质液点（分生孢子团块）。

③次生性炭疽病：在叶肉组织萎缩退绿后发生较普遍。病叶始于两侧脉与主脉之间，逐渐向叶缘形成梭状的退绿斑，呈水渍状或半透明状，黄绿色，最后焦枯。有时病部变褐色，上生黑色分生孢子盘。

炭疽病危害枝梢，多从叶柄基部腋芽处开始，生椭圆形淡褐色至深褐色病斑，扩大后变长梭形，病斑环绕枝梢一周时，病梢由上而下呈灰褐色枯死，上面生有小黑粒点（分生孢子盘）。三年生以上的枝条病斑，因枝条皮色较深，不易识别，必须削开皮层方可见到病部。病枝上的叶片卷缩干枯，经久不落。若病斑较小，扩展缓慢，随着枝梢的生长，病斑周围产生愈伤组织，病皮干枯脱落，形成大小不等的梭形病疤。枝梢在发病盛期碰上连续阴雨，也会产生"急性型"症状。即在嫩梢顶端1～3节处突然发病，似开水烫伤状，叶尖开始变黄褐色，3～5天后枝梢及叶片凋萎变成黑色，病部表面生橘红色黏质小液点。

苗木发病，多在离地面6.7～10厘米或嫁接口处开始，生不规则的深褐色病斑，严重时主干顶部枯死，并延至枝条干枯。

花病发生于雌蕊，变褐腐烂，引起落花。

果梗发病为淡黄色，后变褐色干枯，果实脱落，或失水干枯成僵果挂在树上。

果实发病有干疤和果腐两种症状。干疤型发生在比较干燥条件下的果实上，病斑大小有一定限度，圆形、近圆形或不规则形，边缘界限明显，稍凹下、坚硬、皮革状，黄褐色，发展缓慢，一般仅限于果皮成为干疤状，幼果和成熟果都有发生。果腐型发生在潮湿天气条件下和储运期湿度大的果实上。

（2）病原：病菌属半知菌亚门的有刺炭疽孢属的胶孢炭疽菌。

（3）发病规律：炭疽病菌在病枝叶或病果中越冬的菌丝体和分生孢子，是翌年发病的初次侵染病源。翌年温度、湿度适宜时，越冬的孢子或菌丝体产生的孢子，借风雨或昆虫传播危害完成初侵染。

泸溪柑橘春梢一般在后期开始发病，而以夏梢、秋梢期发病为多。一般5月中、下旬当年春梢叶片上发生普通炭疽病症状，8月上、中旬至9月下旬为盛期，秋叶在10月上、中旬至11月中、下旬为发病盛期。落叶性炭疽病症状出现的高峰期在2月上旬至3月上旬，4月下旬至6月下旬和10月下旬至12月下旬。次生性炭疽病症状开始发生在10月中旬，10月下旬至11月中旬为发病盛期。

（4）防治方法：一是加强栽培管理，深翻土壤改土，增施有机肥，并避免偏施氮肥，忽视磷肥、钾肥的倾向，特别是多施钾肥（如草木灰）；做好防冻、抗旱、防涝和其他病虫害的防治，以增强树势，提高树体的抗性。二是彻底清除病源，剪除病枝梢、叶和病果梗集中烧毁，并随时注意清除落叶落果。三是药剂防治，在春、夏梢、秋梢嫩梢期各喷1次，着重在幼果期喷1～2次，7月下旬至9月上、中旬果实生长发育期15～20天喷1次，连续2～3次。防治药剂可选氟硅唑、丙森锌、咪鲜胺、嘧菌酯、福美双、吡醚·甲硫灵、溴菌·多菌灵等药剂。

2. 疮痂病

（1）症状：主要为害嫩叶、嫩梢、花器和幼果等。其症状表现：叶片上的病斑，初期为水渍状褐色小圆点，后扩大为黄色木栓化病斑。病斑多在叶背呈圆锥状突起，正面凹下，病斑相连后使叶片扭曲畸形。新梢上的病斑与叶片上相似，但突起不如叶片上明显。花瓣受害后很快凋落。病果受害处初为褐色小斑，后扩大为黄褐色圆锥形木栓化瘤状突起，呈散生或聚生状。严重时果实小，果皮厚，果味酸而且出现畸形和早落现象。

（2）病原：疮痂病菌属半知亚门痂圆孢属的柑橘疮痂圆孢菌。

（3）发病规律：以菌丝体在病组织中越冬。翌年春，阴雨潮湿，气温达15℃以上时，便产生分生孢子，借风、雨和昆虫传播。为害幼嫩组织，尤以未展开的嫩叶和幼果最易感染。

（4）防治方法：一是在冬季剪除并烧毁病枝叶，消灭越冬病原。二是加强肥水管理，促枝梢抽生整齐健壮。三是重点保护嫩叶和幼果。在春梢新芽长0.5厘米左右时，施药保护春梢；在谢花三分之二时施药保护幼果。可选硫酸铜钙、代森锰锌、百菌清、嘧菌酯、苯醚甲环唑、甲基硫菌灵等药剂。

3. 柑橘树脂病

（1）症状：因发病部位不同而有多个名称，在主干上称树脂病，在叶片和幼果上称砂皮病，在成熟或贮藏果实上称蒂腐病。枝干症状分流胶型和干枯型。流胶型病斑初为暗褐色油渍状，皮层腐烂坏死变褐色，有臭味，此后危害木质部并流黄褐色半透明胶液，当天气干燥时病部逐渐干枯下陷，皮层开裂剥落，木质部外露。干枯型的病部皮层红褐色，干枯略下陷，有裂纹，无明显流胶。但两种类型病斑木质部均为浅褐色，病健交界处有一黄褐色或黑褐色痕带，病斑上有许多黑色小点。病菌侵染嫩叶和幼果后使叶表面和果皮产生许多深褐色散生或密集小点，使表皮粗糙似沙粒，故称砂皮病；受冻害枝的顶端呈明显褐色病斑，病健交界处有少量流胶，严重时枝条枯死，表面生出许多黑色小点称为枯枝型。

（2）病原：该病由真菌引起，其有性阶段称柑橘间座壳菌，属子囊菌亚门；无性世代属半知菌亚门。

（3）发病规律：以菌丝体或分生孢子器生存在病组织中，分生孢子借风、雨、昆虫和鸟类传播，10℃时分生孢子开始萌发，20℃和高湿最适于生长繁殖。春、秋季易发病，冬、夏梢发病缓慢。病菌在生长衰弱、有伤口、冻害时才侵入，故冬季低温冻害有利病菌侵入，木质部、韧皮部皮层易感病。大枝和老树易感病，发病的关键是湿度。

（4）防治方法：①农业防治。冬春清园：剪除病虫枝，清除枯枝落叶，集中烧毁，减少病虫基数。主干和大枝涂白，冬季可降低树干的昼夜温差以减轻冻害，夏季可防日灼。开园时，喷施松脂酸钠、石硫合剂、矿物油等清园剂。合理修剪：一是冬春季修剪（结合清园进行）。标准：左右不拥挤、上下不重叠、上重下轻、小空大不空，方便采摘果实。二是疏花疏果。重点是花多的树疏花，无花树放梢。三是夏秋季抹芽控梢，促使抽梢整齐。科学控草：提倡生草栽培,以机械割草控制杂草生长,尽量不施用除草剂,必须施用时不施用草甘膦;合理施肥:增施商品有机肥、枯饼肥、农家肥等,合理施用氮、磷、钾和中微量元素肥,增强树势,提高抗逆力。全年施肥量以产果 100 千克施纯氮 0.6~0.8 千克,氮、磷、钾比例为 1∶0.2∶0.7。②化学防治。在谢花 2/3、第一次生理落果期(果实蚕豆大小)、第二次生理落果期(6 月中下旬)、7 月上中旬分别施药防治。9 月中下旬如遇雨水多时再施药一次。可选代森锰锌、吡唑醚菌酯、氟硅唑、克菌丹、氟菌·戊唑醇、氟啶胺、咪鲜胺等药剂。

4. 溃疡病

(1)症状:该病为害柑橘嫩梢、嫩叶和幼果。叶片发病开始在叶背出现针尖大的淡黄色或暗绿色油渍状斑点,后扩大成灰褐色近圆形病斑。病斑穿透叶片正反两面并隆起,且叶背隆起较叶面明显,中央呈火山口状开裂、木栓化,周围有黄褐色晕圈。枝梢上的病斑与叶片上的病斑相似,但较叶片上的更为突起,有的病斑环绕枝一圈使枝枯死。果实上的病斑与叶片上的病斑相似,但病斑更大,木栓化突起更显著,中央火山口状开裂更明显。

(2)病原:该病由野油菜黄单胞杆菌柑橘致病变种引起,已明确有 A、B、C 三个菌系存在。我国的柑橘溃疡病均属 A 菌系,即致病性强的亚洲菌系。

(3)发病规律:病菌在病组织上越冬,借风、雨、昆虫和枝叶接触作近距离传播,远距离传播由苗木、接穗和果实引起。病菌从伤口、气孔和皮孔等处侵入。夏梢和幼果受害严重,秋梢次之,春梢轻。气温 25~30℃和多雨、大风条件会使溃疡病盛发,感染 7~10 天即发病。苗木和幼树受害重,甜橙和幼嫩组织易感病,老熟和成熟的果实不易感病。

(4)防治方法:一是严格执行植物检疫,严禁带病苗、接穗、果实进入无病区,一旦发现,立即彻底销毁。二是建立无病苗圃,培育无病苗。三是加强栽培管理,彻底清除病源。四是加强对潜叶蛾等害虫的防治，抹芽放梢，以减少潜叶蛾为害伤口而加重溃疡病。五是化学防治，重点保护幼果和夏秋梢。一般在谢花 2/3、第一次生理落果期（果实蚕豆大小）、夏秋梢长 0.5～1 厘米时及时用药。可选春雷霉素、松脂酸铜、氢氧化铜、春雷·王铜、硫酸铜钙、噻唑锌、噻菌铜、中生·乙酸铜等药剂。

5. 煤烟病　柑橘煤烟病以病菌霉层覆盖枝叶和果实，阻碍光合作用进行，使树枝衰弱，花少果小品质差。

（1）症状：开始在枝叶和果实表面产生暗褐色小霉斑，后逐渐扩大形成绒状的黑色霉层，覆盖整个枝、叶表面，似一层黑色煤状物。霉层易剥落，剥落后的病部表面仍为绿色。后期在霉层上散生黑色的小粒点或刚毛状突起物。

（2）病原：该病由多种真菌引起，除小煤炱是纯寄生菌外，其他均为表面附生菌。

（3）发病规律：该病菌在病部越冬，翌年孢子借风、雨水飞落在介壳虫、粉虱及蚜虫的分泌物上，再度引起发病。因此，荫蔽、潮湿、通风透光条件差及虫害（蚜虫、介壳虫、粉虱）严重的柑橘园，此病发生严重。

（4）防治方法：一是冬春修剪时，疏去上部遮光枝条，做好密植园的间伐移栽工作，使树冠和园内通风透光良好，创造不利于病害发生、蔓延的条件。二是及时防治蚧类、粉虱和蚜虫等柑橘害虫。三是发病始期，喷射波尔多液、机油乳剂等。

6. 脚腐病

（1）症状：病部呈不规则的黄褐色水渍状腐烂，有酒精味，天气潮湿时病部常流出胶液；干燥时病部变硬结成块，以后扩展到形成层，甚至木质部。病健部界线明显，最后皮层干燥翘裂，木质部裸露。在高温多雨季节，病斑不断向纵横扩展，沿主干向上蔓延，可延长达 30 厘米，向下可蔓延到根系，引起主根、侧根腐烂；当病斑向四周扩散，可使根颈部树皮全部腐烂，形成环割而导致植株死亡。病害蔓延过程中，与根颈部位相对应的树冠，叶片小，叶片中脉、侧脉呈深黄色，以后全叶变黄脱落，且使落叶枝干枯，病树死亡。当年或前一年，开花结果多，但果小，提前转黄，且味酸易脱落。

（2）病原：已明确系由疫霉菌引起，也有认为是疫霉和镰刀菌复合传染。

（3）发病规律：病菌以菌丝体在病组织中越冬，也可随病残体在土中越冬。靠雨水传播，田间4～9月均可发病，但以7～8月最重。高温、高湿、土壤排水不良、园内间种高秆作物、树冠郁闭、树皮损伤和嫁接口过低等均利于感病。枳砧耐病，幼树发病轻，大树尤其是衰老树发病重。

（4）防治方法：一是选用枳、红橘等耐病的砧木。二是栽植时，苗木的嫁接口要露出土面，可减少、减轻发病。三是加强栽培管理，做好土壤改良，开沟排水，改善土壤通透性，注意间作物及栽植密度，保持园地通风，光照良好等。四是对已发病的植株，选用枳砧进行靠接，重病树进行适当的修剪，以减少养分损失。五是药物治疗。病部浅刮深纵刻，药物可选择甲霜灵、乙磷铝、可杀得、波尔多液等。

7. 黑斑病

（1）症状：黑斑病又叫黑星病，主要为害果实，叶片受害较轻。症状分黑星型和黑斑型两类。黑星型发生在近成熟的果实上，病斑初为褐色小圆点，后扩大成直径2～3毫米的圆形黑褐色斑，周围稍隆起，中央凹陷呈灰褐色，其上有许多小黑点，一般只为害果皮。果实上病斑多时可引起落果。黑斑型初为淡黄色斑点，后扩大为圆形或不规则形，直径1～3厘米的大黑斑，病斑中央稍凹陷，上生许多黑色小粒点，严重时病斑覆盖大部分果面。在贮藏期间果实腐烂，僵缩如炭状。

（2）病原：该病由半知菌亚门茎点属所致，其无性阶段为柑橘茎点霉菌，其有性阶段称柑橘球座菌。

（3）发病规律：主要以未成熟子囊壳和分生孢子器落在叶上越冬，也可以分生孢子器在病部越冬。病菌发育温度15～38℃，最适25℃，高湿有利于发病。大树比幼树发病重，衰弱树比健壮树发病重。田间 7～8 月开始发病，8～10 月为发病高峰。

（4）防治方法：一是冬季剪除病枝、病叶，清除病枝、病叶烧毁，以减少越冬病源。二是加强栽培管理，增施有机肥，及时排水，促壮树体。花后 1～1.5 个月喷药，15 天左右 1 次，连续 3～4 次。药剂可选用波尔多液、多菌灵、石硫合剂等。

8. 柑橘日灼病 又名日晒病，多发生在成熟的果实上。本病多于 7 月开始发生，8～9 月发生最为严重。受害果实品质低劣，不宜外销。

（1）症状：果实近成熟时，果顶皮部受害，发育停滞。果实成熟时，受害部果皮焦灼，黄褐色，厚而坚硬，表面粗糙，上有黑褐色小斑；果形不整齐。受害轻的只限于果皮部，受害重的伤及汁胞，果汁少而味淡，果肉呈海绵质。

（2）病因：本病系高温烈日暴晒引起的一种非侵染性病害。夏季，在高温烈日下喷射石硫合剂会加剧本病发生。

（3）防治方法：目前尚无理想的防治方法。下述措施仅能起到减轻发病的效果。①5～6 月间防治螨类，特别是锈壁虱和红蜘蛛，应避免在高温烈日的天气喷药。必要喷药时，应于上午 9 时前或下午 4 时后进行。②合理修剪，适当厚留枝叶。③7～10 月间定期灌水或进行人工降雨、覆草，调节土壤水分和果园小气候，以促进果实发育，减少日灼病的发生。

9. 柑橘裂果病

（1）症状：一般从脐部开始沿子房缝线纵裂开口。囊瓣破裂，露出汁胞。开裂的果实常感染病菌而腐烂。

（2）病因：由于供水不匀，抗旱不及时，久旱骤雨而引起的生理病害，常发于伏旱后的 8～10 月。向阳坡地，土壤瘠薄的柑橘园发病严重。

（3）防治方法：①加强肥水管理，增强树势。壮果期增施钾肥可减轻发病。②旱前柑橘园覆稻草或薄膜，以减少水分的蒸发。

10. 黄龙病 黄龙病又名黄梢病，系国内外植物检疫对象，目前在泸溪县暂无发生，但要实施严格检疫。

（1）症状：

叶片和枝梢：柑橘树感染黄龙病后，最初的反应是出现黄梢症状，即少数新梢叶片发黄，以后，从病梢抽生的新梢表现叶脉黄化、叶片黄绿相间斑驳或各种缺素症状，随着病害发展，病梢变短且长势衰弱、叶片变小、变厚，易脱落形成枯枝，且新梢纤弱成簇。黄梢和斑驳是柑橘黄龙病的典型症状，是田间诊断此病的依据。春梢发病时多表现树冠上下多数新梢的叶片斑驳症状。

果实：果实小，畸形，着色不均匀，或不转色，呈"红鼻果"。

根部：根系萎缩，须根少，根尖腐烂，变成褐色，大根相继腐烂，不长新根，最后整株死亡。

（2）病原：黄龙病为类细菌为害所致，它对四环素和青霉素等抗生素以及湿热处理较为敏感。

（3）发病规律：病原通过带病接穗和苗木进行远距离传播。柑橘园内传播系柑橘木虱所为。幼树感病，成年树较耐病，春梢发病轻，夏梢、秋梢发病重。

（4）防治方法：一是严格实施检疫制度，严禁从病区调运苗木及带病材料（接穗）；二是建立无病苗圃，培育无病苗木，是防治柑橘黄龙病的关键措施，从源头有效控制黄龙病的传播与扩散；三是搞好普查，清除病株。鉴于目前还没有一种有效的方法能将患有黄龙病的柑橘治疗好，而病株留在田间就是一个病源。因此，必须认真搞好普查工作，一旦发现病株，应立即挖除集中烧毁，这是防治黄龙病蔓延的重要措施。

（二）贮藏期病害

1. 青霉病和绿霉病

（1）症状：柑橘的青霉病、绿霉病均有发生，绿霉病比青霉病发生多。青霉病发病适温较低，绿霉病发病适温较高。青霉病、绿霉病初期症状相似，病部呈水渍状软腐，病斑圆形，后长出霉状菌丝，并在其上出现粉状霉层。但两种病症也有差异，后期症状区别尤为明显。两种病症状比较如表8-1。

表 8-1　柑橘青霉病和绿霉病的症状比较

症状	青霉病	绿霉病
粉状霉层	青色，在果皮外表形成，后期可延至果皮内部，发生较快	绿色，仅在果皮外表形成，发生较慢
白色菌丝环	较窄，宽 1～3 毫米，外观呈粉状	较宽，宽 8～15 毫米，略带黏性，微有皱褶
软腐边缘	水渍状，较窄，边缘较整齐而明显	水渍状，较宽，边缘不整齐亦不明显
气味	有发霉气味	近嗅有闷人的芳香气味
黏着性	果实腐烂后不黏附包果纸或其他接触物	果实腐烂后黏附包果纸或其他接触物
腐性速度	较慢，在 21～27℃时全果腐烂需 14～15 天	较快，在 21～27℃时全果腐烂需 6～7 天
发病时期	贮藏前期温度较低时发病多	贮藏后期温度回升时发病较多
传染方式	可引起接触传染	不能接触传染

（2）病原：青霉病为意大利青霉侵染所引起，它属半知菌，分生孢子无色，呈扫帚状。绿霉菌由指状青霉所侵染，分生孢子串生，无色单胞，近球形。

（3）发病规律：病菌通过气流和接触传播，由伤口侵入，青霉病发生的最适温度 18～21℃，绿霉病发生的最适温度为 25～27℃，湿度均要求 95％以上。

（4）防治方法：一是适时采收。二是精细采收，尽量避免伤果。三是对贮藏库、窖等用硫黄熏蒸，紫外线照射或喷药消毒，每立方米空间 10 克，密闭熏蒸消毒 24 小时。四是采下的果实用药液浸 1 分钟，集中处理，并在采果当天处理完毕。药剂可选咪鲜胺、百可得等。五是改善贮藏条件，通风库以温度 7～9℃、湿度以 90％为宜。

2. 炭疽病

（1）症状：该病是柑橘贮藏保鲜中、后期发生较多的病害。常见的症状有两种：一种是在干燥贮藏条件下，病斑发展缓慢，限于果面，不侵入果肉。另一种是在湿度较大的情况下产生软腐型病斑，病斑发展快，且危及果肉。在气温较高时，病斑上还可产生粉红色黏着状的炭疽孢子。病果有酒味或烂味。

（2）病原：由属于半知菌亚门的盘长孢子状刺盘孢所致。

（3）发病规律：病菌在病组织上越冬。分生孢子经风、雨、昆虫传播，从伤口或气孔侵入。寄主生长衰弱，高温、高湿时易发生。病菌从果园带入，在果实贮藏期间发病。

（4）防治方法：一是加强田间管理，增强寄主抵抗力。二是冬季结合清园，剪除病枝，烧毁。三是多发病果园，抽梢后喷施多菌灵 500～700 倍液，杀灭炭疽病菌，以免果实贮藏期间受到危害。

3. 蒂腐病

（1）症状：我国柑橘产区均有发生，分褐色蒂腐病和黑色蒂腐病两种。褐色蒂腐病症状为果实贮藏后期果蒂与果实间皮层组织因形成离层而分离，果蒂中的维管束尚与果实连着，病菌由此侵入或从果梗伤口侵入，使果蒂部发生褪色病斑。由于病菌在囊、瓣间扩展较快，使病部边缘呈波纹状深褐色，内部腐烂较果皮快，当病斑扩展至 1/3～1/2 时，果心已全部腐烂，故名穿心烂。黑色蒂腐病多从果蒂或脐部开始，病斑初为浅褐色、革质，后蔓延全果，斑随囊瓣排列而蔓延，使果面呈深褐蒂纹直达脐部，用手压病果，常有琥珀色汁流出。在高湿条件下，病部长出污黑色气生菌丝，干燥时病果成黑色僵果，病果肉腐烂。

（2）病原：褐色蒂腐病由柑橘树脂病所致。黑色蒂腐病的病原有性阶段为柑橘囊孢壳菌，属子囊菌；在病果上常见其无性阶段，病原称为蒂腐色二孢菌，属半知菌亚门。

（3）发病规律：病菌从柑橘园带入，在果实贮藏时才发病。病菌从伤口或果蒂部侵入，果蒂脱落、干枯和果皮受伤均易引起发病，高温高湿有利该病发生。

（4）防治方法：一是加强田间管理、防治，将病原杀灭在果园。二是适时、精细采收，减少果实伤口。三是运输工具、贮藏库

（房）进行消毒。四是药剂防治同青霉病、绿霉病防治。

4. 黑腐病

（1）症状：柑橘黑腐病主要为害贮藏期的果实，亦为害生长期的果实和枝叶。成熟和贮藏期果实发病表现为心腐、黑腐、蒂腐、干疤等症状。

心腐型又称黑心型。病菌自果蒂部伤口侵入果实中心柱（果心），沿中心柱蔓延，引起心腐。病果外表完好，无明显症状，内部果心及果肉则变墨绿色腐烂，使果心空隙处长有大量深墨绿色绒毛状霉。柑橘类和柠檬多发生这种症状。黑腐型病菌从伤口或脐部侵入，初呈黑褐色或褐色圆形病斑，扩大后稍凹陷，边缘不整齐，中部常呈黑色，病部果肉变为黑褐色腐烂，干燥时病部果皮柔韧，革质状。在高温高湿条件下，病部长出灰白色菌丝，后变为墨绿色绒毛状霉。病果初期味变酸，有霉味，后期酸苦。

（2）病原：病原为柑橘链格孢菌，属于半知菌亚门丝孢纲丝孢目暗色孢科链格孢属，分生孢子梗暗褐色，通常不分枝，弯曲。分生孢子 2～4 个相连，卵形、纺锤形、倒棍棒形，褐色或暗绿褐色，有 1～6 个横隔膜和 0～5 个纵隔横，分隔处稍缢缩。黑腐病病菌的生长适温为 25℃，降至 12～14℃时生长缓慢。

（3）发病规律：柑橘黑腐病病菌主要以分生孢子附着在病果上越冬，也可以菌丝体潜伏在枝、叶、果组织中越冬，当温度、湿度条件适宜时产生分生孢子，由风力传播。在果实生长期间，可从花柱痕或果面任何伤口侵入，以菌丝潜伏在组织内，直至果实生长后期或贮藏期，才破坏木栓层侵害果实，引起腐烂。通常在贮藏后期，抗病力降低和温度适宜时大量发病。以后在腐烂的果实上产生分生孢子，进行再侵染。

（4）防治方法：①加强栽培管理，增强树势，及时修剪枯枝、衰弱枝，减少果实受伤。②药剂防病。目前对链格孢菌引起的病害，尚无高效农药，以铜制剂较为有效。③果实处理。目前尚无采收后防腐的高效农药。一般用 0.02% 2,4-D 浸果，以延缓果实衰老，保持果蒂青绿，推迟黑腐病的发生时间。

(三) 生理性病害

1. 缺硼症　柑橘缺硼症是湖南柑橘产区常见的缺素症之一。严重缺硼时，常引起大量落果而减产。

（1）症状：缺硼的植株，叶脉肿大并在叶片的一侧木栓化开裂。叶片呈古铜色、褐色以至黄色，叶肉较脆，叶片向后卷曲与主脉成直角。嫩叶产生不定形水渍状黄色斑点，随着叶片的老熟发展成半透明或透明的病斑；老叶无光泽。有的病树，在出现上述症状前，有出现叶片萎蔫现象。缺硼的植株，幼果易脱落，成熟的果实，果小、皮红、汁少、味酸，种子发育不良，品质低劣。严重缺硼时，早期落叶，枝梢干枯，果皮变厚而硬，表面粗糙呈瘤状，果皮及中心柱有褐色胶状物，果小、畸形、坚硬如石，汁胞干瘪、渣多，少汁，不堪食用。春旱时，病果症状明显；春雨多缺硼不太严重时，则不明显。

（2）病因：土壤含钙量过多或施用石灰过量，都会使柑橘发生缺硼，柑橘缺硼与果园土壤类型关系密切。丘陵山地柑橘园多为红壤或黄壤，土壤酸性强，有机质含量少，土瘦而干旱，有效硼含量低，容易出现缺硼症状。此外，山区雨水多，溪河两岸冲积洲地常遭洪水淹没，土壤中有效硼被淋洗，亦易出现缺硼症状。夏、秋季干旱，柑橘园灌水困难，土壤干裂，柑橘根系对有效硼难以吸收，也不利于硼在体内的运转，所以易发生缺硼症。在湘西大部分丘陵山地均表现不同程度的缺硼症状。

（3）防治方法：①扩穴改土，压埋绿肥，增施有机肥和灰肥，加速土壤熟化，从根本上改变土壤的理化性状。施肥上不可偏施氮素化肥，压埋绿肥不宜施用过量的石灰，以免引致缺硼。冲积地应逐年客土，加厚土层，改变土壤物理性状。②防旱、排涝，减少土壤有效硼的固定和流失。夏、秋干旱季节，柑橘园要及时覆盖或灌水，保持土壤湿润。春、夏雨季注意开沟排涝防止积水。③根外喷硼。一般在春梢期、盛花期各喷 0.1% 硼液一次。喷时可加入 0.5% 尿素、3% 过磷酸钙或 3% 草木灰浸出液。严重缺硼的柑橘园，则应在春梢期、盛花期和幼果期，喷施硼肥。倘若在果实成长中期出现生长异常缓慢时，还应追喷一次 0.1％硼液。

2. 缺锌症　缺锌症又名斑叶病，在湖南各柑橘产地较为常见。严重缺锌时，果实产量和品质下降。

（1）症状：缺锌植株，新梢叶片的主、侧脉及其附近为绿色，其余部分呈黄绿色或黄色。老叶的主、侧脉具有不规则的绿色带，其余部分呈淡绿色、淡黄色或橙黄色。有的叶片则在绿色的主、侧脉间，仅呈现黄色和淡黄色斑点。严重缺锌时，新梢纤短，叶片直立，狭小，随后小枝枯死。但在主枝或树干上长出的叶片接近正常，徒长枝梢上的叶片只表现轻微病状。缺锌后果实小而皮薄，表面光滑，淡黄色，果肉木质化，汁少而味淡。

（2）病因：在微酸至强酸性土壤，锌元素常变为不易溶解的化合物，或种植柑橘过久的老果园，土壤中所含的锌被吸收殆尽，在上述两种情况下，柑橘均可能出现缺锌症状。此外，土壤缺乏有机质亦会加剧缺锌。在土壤缺乏镁、铜等微量元素时，会导致柑橘根系腐烂，影响对锌的吸收，也会出现缺锌症状。在土壤含锌量较少的情况下，大量施用氮肥会促使植株徒长，则新生枝梢叶片也会显现缺锌症状。

（3）防治方法：在春梢抽生前，喷射 0.4％～0.5％硫酸锌液（1％～2％石灰），可有效地防治缺锌病。微酸性土壤施入少量硫酸锌亦可获矫治效果。若因缺镁、缺铜而诱致的缺锌，则单施锌盐效果不大，必须同时施用含镁、铜、锌的化合物，才能获得较好效果。

3. 缺镁症

（1）症状：缺镁症又称滞黄病，常于秋末引起落叶，对柑橘生长有一定影响。全年均可发生，但以夏末或秋季果实近成熟时发生最多。由于镁在植物体内转移较快，所以缺镁时，在老叶和果实附近的叶片缺镁症状最为明显。发病早期，靠近果实附近的叶片沿中脉两侧，产生不规则的黄色斑点，后向叶缘扩展，使叶脉间呈肋骨状黄白色；黄斑相互联合，其他叶片大部分变黄，仅中脉及其基部的叶组织保持"V"形的绿色区。严重缺镁时全叶变黄，遇不良条件时易脱落。如加强栽培管理，黄化叶片可在植株上存留较长时间。

（2）病因：柑橘对镁的需要量，远超过其他微量元素。酸性土和沙土中的镁素极易流失，常引起缺镁症。施用磷、钾肥过量时，可引起缺镁症。

（3）防治方法：在改土基础上，适当增施镁肥，可有效防治缺镁症。生长期中，喷射 0.1％硝酸镁 2～3 次，亦可矫治缺镁。酸性土应施用石灰镁（0.75～1 千克/株）；微酸至碱性土则应施用硫酸镁。镁盐可与堆肥混施。土壤中钾、钙对镁的拮抗作用非常明显，因此在钾、钙有效性很高的柑橘园，施镁量必须增加。此外，增施有机肥，酸性土施用适量石灰均有助于矫治缺镁。

4. 缺锰症 缺锰症又称萎黄病，是柑橘产区常见的缺素症。

（1）症状：缺锰症状多在幼叶上呈现，受害新梢叶片大小正常，中脉和较粗的侧脉及附近组织为绿色，其余部分均呈黄绿色，与缺锌症状有点相似。但缺锌的黄化部分颜色较黄，而缺锰的则较绿；缺锌的嫩叶小而尖，而缺锰的叶片大小和形状则基本正常。严重缺锰时，大枝条上的叶片早期老化脱落，小枝生长严重受抑制，以至枯死。如缺锰又缺锌，则小枝枯死更多。

（2）病因：由于酸性土的锰易流失，而碱性土壤中的锰易呈不可溶态，所以酸性或碱性的土壤易引起缺锰。在强酸性的沙质土，柑橘缺锰还常伴随缺锌、缺铜和缺镁。

（3）防治方法：①喷射硫酸锰、生石灰混合液（0.2％～0.6％硫酸锰加 1％～2％生石灰）有治疗效果。②酸性土壤的柑橘园，硫酸锰可与肥料混合施用。

5. 缺铁症

（1）症状：一般发生于嫩梢上。缺铁植株新叶薄，淡绿色至黄白色，叶脉绿色，黄化叶片呈现明显的绿色网纹，尤其在小枝末端的叶片表现更为明显。枝梢纤弱，幼枝上的叶片易脱落，小枝叶片脱落后，在大枝上长出正常梢叶，但梢顶的叶片陆续枯死。严重缺铁时，全株叶片橙黄色。

（2）病因：在碱土地区，柑橘园土壤含碳酸钙或其他碳酸盐过多，特别在干旱情况下，铁被固定为不可溶性化合物时容易发生缺铁病。低温干旱病情也会加剧，所以缺铁常在冬、春季节发生严重，夏季较轻。在灌水过量的柑橘园，由于土壤铁素流失也会造成缺铁。缺铁有时亦伴随缺锌、缺锰和缺镁，使柑橘植株表现多种缺素症状。

（3）防治方法：①改良土壤物理性状，碱性土应增施有机肥，特别要注意多施绿肥、土杂肥及酸性肥料。②搞好排灌系统，避免积水或干旱。③叶面喷射 0.3%～0.5% 的硫酸亚铁溶液。土壤施用可溶性铁素化合物时，一定要结合改土方为有效。

6. 缺氮症

（1）症状：生长初期表现为新梢抽生缓慢，叶少，薄而细长，呈淡绿至黄绿色。开花多，但落花落果多。但氮正常供应转入缺氮时，老叶开始沿中脉及侧脉变黄，最后全叶发黄脱落。缺氮树产量低，大小年结果明显，果小皮黄，果汁酸。

（2）病因：柑橘生长量大，尤其在生长旺盛的春秋季氮消耗多，如树体贮藏养分不足，施氮量不足，或由于氮肥流失渗漏和挥发均易诱发缺氮。

（3）防治方法：①加强果园管理，根据树体生长发育状况和根系吸肥规律合理施肥。②防治土壤氮肥流失，沙质重的土壤应多施有机肥。③根外喷施 0.3%～0.5% 尿素溶液（用缩二脲时，浓度应低于 0.25%），每隔 5～7 天 1 次，共 2～3 次。

7. 缺磷症

（1）症状：通常在花芽形成期开始发生，枝条细弱，叶片失去光泽，呈暗绿色，老叶出现枯斑。缺磷严重时，下部叶片趋向青铜色，新梢生长停止。果皮粗而厚，果实空心，汁少，味酸，未成熟就发软。

（2）病因：土壤含磷量低，或土壤过酸或施石灰过多，磷与铁、铝形成难溶性化合物而不能被柑橘吸收。

（3）防治方法：对易缺磷的酸性红壤，磷肥最好与有机肥混合堆积后，集中施入根际土壤，每年每株施五氧化二磷 0.15～0.25 千克。

8. 缺钾症

（1）症状：老叶的叶尖和先端叶缘部位先开始黄化，并向下扩展，叶片稍卷曲，褐色枯焦，叶尖脱落。果小，果皮薄而光滑，果汁多果酸少，易脱落开裂。植株抗逆性能差。

（2）病因：钾是仅次于氮易于从土壤中流失的元素。沙质土壤和有机质缺乏的土壤，常年因雨水和灌溉水的影响而流失，以致柑橘缺钾。另外沙质土、红壤和冲积土，钾素含量低，每年果实又带走一定量钾，若长期得不到及时的补充，就会使土壤供钾量不足而缺钾。

（3）防治方法：①每年春夏季根施钾肥，如氯化钾或硫酸钾，成年树每株可施 0.5～1.0 千克。为避免氯离子中毒，每次用量不宜超过 0.25 千克。②叶面喷施硝酸钾溶液，以 5～6 月间进行，浓度为 0.4%，以喷湿树冠为度。视缺钾程度，喷施 1 至多次。③施草木灰。

三、柑橘主要虫害及防治

（一）红蜘蛛

1. 为害症状 红蜘蛛又叫橘全爪螨，属叶螨科。我国柑橘产区均有发生。它除了为害柑橘以外，还为害梨、桃和桑等经济树种。主要吸食叶片、嫩梢、花蕾和果实的汁液，尤以嫩叶为害为重。叶片受害初期为淡绿色，后出现灰白色斑点，严重时叶片呈灰白色而失去光泽，叶背布满灰尘状蜕皮壳，并引起落叶。幼果受害，果面出现淡绿色斑点；成熟果实受害，果面出现淡黄色斑点，果蒂受害导致大量落果。

2. 形态特征 雌成螨椭圆形，长 0.3～0.4 毫米，红色至暗红色，体背和体侧有瘤状凸起。雄成螨体略小而狭长。卵近圆球形，初为橘黄色，后为淡红色，中央有一丝状卵柄，上有 10～12 条放射状丝。幼螨近圆形，有足 3 对。若螨似成螨，有足 4 对。

3. 生活习性　红蜘蛛 1 年发生 12～20 代，田间世代重叠。冬季多以成螨和卵在枝叶上，在多数柑橘产区无明显越冬阶段。当气温 12℃时，虫口渐增，20℃时盛发，20～30℃的气温和 60％～70％的空气相对湿度，是红蜘蛛发育和繁殖的最适条件。红蜘蛛有趋嫩性、趋光性和迁移性。叶面和背面虫口均多。在土壤瘠薄、向阳的山坡地，红蜘蛛发生早而重。

4. 防治方法　一是利用食螨瓢虫、钝绥螨等天敌防治红蜘蛛，并在果园种植藿香蓟、白三叶、百喜草、大豆、印度豇豆，冬季还可种植豌豆、肥田萝卜和紫云英等。还可生草栽培，创造天敌生存的良好环境。二是干旱时及时灌水，可以减轻红蜘蛛为害。三是科学用药，避免滥用，特别是对天敌杀伤力大的广谱性农药。科学用药的关键是掌握防治指标和选择药剂种类。春季防治指标为每叶3～4 头（有螨叶率 65％），夏秋季为每叶 5～7 头（有螨叶率85％）。可选矿物油、螺螨酯、哒螨灵、炔螨特、乙螨唑、氟虫脲、阿维·炔螨特、阿维·达螨灵、阿维·噻螨酮等药剂。应注意不同机理的多个品种药剂进行轮换使用，每种药剂每年使用不超过2 次。

（二）花蕾蛆

1. 为害症状　花蕾蛆又名橘蕾瘿蝇，属瘿蚊科，我国柑橘产区均有发生，仅为害柑橘。成虫在花蕾直径 2～3 毫米时，将卵从其顶端产入花蕾中，幼虫孵出后食害花器，使其成为黄白色不能开放的灯笼花。

2. 形态特征　雌成虫长 1.5～1.8 毫米，翅展 2.4 毫米，暗黄褐色，雄虫略小。卵长椭圆形，无色透明。幼虫长纺锤形，橙黄色，老熟时长约 3 毫米。蛹纺锤形，黄褐色，长约 1.6 毫米。

3. 生活习性　1 年发生 1 代，个别发生 2 代，以幼虫在土壤中越冬。柑橘现蕾时，成虫羽化出土。成虫白天潜伏，晚间活动，将卵产在子房周围。幼虫食害后使花瓣变厚，花丝花药成黑色。幼虫在花蕾中约 10 天，即弹入土壤中越夏越冬。阴湿低洼荫蔽的柑橘园、沙土及沙壤土有利其发生。

4. 防治方法 一是幼虫入土前摘除受害花蕾，煮沸或深埋。二是成虫已开始上树飞行，但尚未大量产卵前，用药喷树冠1～2次，药剂可选敌百虫、乐斯本、敌敌畏、氯氰菊酯等。

（三）橘蚜

1. 为害症状 橘蚜属蚜科，危害柑橘、桃、梨和柿等果树。橘蚜常群集在柑橘树的嫩梢和嫩叶上吸食汁液，引起叶片皱缩卷曲、硬脆，严重时嫩梢枯萎，幼果脱落。橘蚜分泌大量蜜露可诱发煤烟病和招引蚂蚁上树，影响天敌活动，降低光合作用。橘蚜也是柑橘衰退病的传播媒介。

2. 形态特征 无翅胎生蚜，体长1.3毫米，漆黑色，复眼红褐色，有触角6节，灰褐色。有翅胎生雌蚜与无翅型相似，有翅两对，白色透明。无翅雄蚜与雌蚜相似，全体深褐色，后足特别膨大。有翅雄蚜与雌蚜相似，惟触角第三节上有感觉圈45个。卵椭圆形，长0.6毫米，初为淡黄色，渐变为黄褐色，最后成漆黑色，有光泽。若虫体黑色，复眼红黑色。

3. 生活习性 橘蚜1年发生10～20代，在北亚热带的浙江黄岩主要以卵越冬，在福建和广东以成虫越冬。越冬卵3月下旬至4月上旬孵化为无翅若蚜后，立即上嫩梢为害。若虫经4龄成熟后开始生幼蚜，继续繁殖。繁殖的最适温度为24～27℃.气温过高或过低，雨水过多均影响其繁殖。春末夏初和秋季干旱时为害最重。有翅蚜有迁移性。秋末冬初便产生有性蚜交配产卵、越冬。

4. 防治方法 一是保护天敌，如七星瓢虫、异色瓢虫、草蛉、食蚜蝇和蚜茧蜂等，并创造其良好生存环境。二是剪除虫枝或抹除抽发不整齐的嫩梢，以减少橘蚜食料。三是加强观察，当春梢、夏梢、秋梢嫩梢期有蚜率达25%时喷药防治，药剂可选择抗蚜威、扫灭利、吡虫啉（蚜虱净）、乐果等。注意每年最多使用次数和安全间隔期。

（四）恶性叶甲

1. 为害症状 又名柑橘恶性叶甲、黑叶跳虫、黑蛋虫等，国内柑橘产区均有分布。寄主仅限柑橘类。以幼虫和成虫为害嫩叶、嫩茎、花和幼果。

2. 形态特征 成虫体长椭圆形，雌虫体长 3.0～3.8 毫米，体宽 1.7～2.0 毫米，雄虫略小。头、胸及鞘翅为蓝黑色，有光泽。卵长椭圆形，长约 0.6 毫米，初为白色，后变为黄白色，近孵化时为深褐色。幼虫共 3 龄，末龄体长 6 毫米左右。蛹椭圆形，长约 2.7 毫米，初为黄色，后变为橙黄色。

3. 生活习性 浙江、四川、贵州等地 1 年发生 3 代，福建发生 4 代，广东发生 6～7 代。以成虫在腐朽的枝干中或卷叶内越冬。各代幼虫发生期 4 月下旬至 5 月中旬，7 月下旬至 8 月上旬和 9 月中下旬，以第一代幼虫为害春梢最严重。成虫散居。活动性不强。非过度惊扰不跳跃，有假死习性。卵多产于嫩叶背面或叶面的叶缘及叶尖处。绝大多数 2 粒并列。

幼虫喜群居，孵化前后在叶背取食叶肉，留有表皮，长大一些后则连表皮食去，被害叶呈不规则缺刻和孔洞。树洞较多的果园为害较重。高温是抑制该虫的重要因子。

4. 防治方法 一是消除有利其越冬、化蛹的场所。用松碱合剂，春季发芽前用 10 倍液，秋季用 18～20 倍液杀灭地衣和苔藓；清除枯枝、枯叶、霉桩，树洞用石灰或水泥堵塞。二是诱杀虫蛹。老虫开始下树化蛹时，用带有泥土的稻根放置在树杈处，或在树干捆扎涂有泥土的稻草，诱集化蛹，在成虫羽化前取下烧掉。三是幼虫盛期药剂防治，药剂可选用溴氰菊酯、敌百虫等。

（五）矢尖蚧

1. 为害症状 矢尖蚧又名尖头介壳虫，属盾蚧科。我国柑橘产区均有发生。以若虫和雌成虫取食叶片、果实和小枝汁液。叶片受害轻时，被害处出现黄色斑点或黄色大斑，受害严重时，叶片扭曲变形，甚至枝叶枯死。果实受害后呈黄绿色，外观、内质变差。

2. 形态特征 雌成虫介壳长形，稍弯曲，褐色或棕色，长约 3.5 毫米。雌成虫体橙红色，长形，雄成虫体橙红色。卵椭圆形，橙黄色。

3. 生活习性 1 年发生 2～4 代，以雌成虫和少数 2 龄若虫越冬。当日平均气温 17℃ 以上时，越冬雌成虫开始产卵孵化，世代重叠，17℃ 以下时停止产卵。雌虫蜕皮两次后成为成虫。雄若虫则常群集于叶背为害，2 龄后变为预蛹，再经蛹变为成虫。温暖潮湿、树冠郁闭的易发生，且为害较重，大树较幼树发生重，雌虫分散取食，雄虫多聚在母体附近为害。

4. 防治方法　一是利用矢尖蚧的重要天敌：矢尖蚧蚜小蜂、黄金蚜小蜂、日本方头甲、豹纹花翅蚜小蜂、整胸寡节瓢虫、红点唇瓢虫和草蛉等，并为其创造生存的环境条件。二是化学防治。重点防治第一代和第二代，狠压基数。10% 以上叶片或果实有若虫时进行防治，在 1 龄、2 龄若虫盛发期用药。可选苦参碱、矿物油、噻嗪酮、高氯·啶虫脒等药剂。

(六) 潜叶蛾

1. 为害症状　潜叶蛾又名绘图虫，属潜蛾科。我国柑橘产区均有发生，且以长江以南产区受害最重。主要为害柑橘的嫩叶嫩枝，果实也有少数危害。幼虫潜入表皮蛀食，形成弯曲带白色的虫道，使受害叶片卷曲、硬化、易脱落，受害果实易烂。

2. 形态特征　潜叶蛾成虫体长约 2 毫米，翅展 5.5 毫米左右，身体和翅均为白色。卵扁圆形，长 0.3~0.36 毫米，宽 0.2~0.28 毫米，无色透明，壳极薄。幼虫黄绿色。蛹呈纺锤状，淡黄至黄褐色。

3. 生活习性　潜叶蛾 1 年发生 10 多代，以蛹或老熟幼虫越冬。气温高的产区发生早、危害重，湖南柑橘产区 4 月下旬见成虫，7~9 月为害夏梢、秋梢最甚。成虫多于清晨交尾，白天潜伏不动；晚间将卵散产于嫩叶叶背主脉两侧，幼虫蛀入表皮取食。田间世代重叠，高温多雨时发生多，危害重。秋梢危害重，春梢受害少。

4. 防治方法　一是抹芽控梢。成年果园抹芽控梢，统一放秋梢。抹除零星的晚夏梢和早秋梢，在大多数芽萌发时，统一放秋梢，切断潜叶蛾食物链。二是性信息素诱杀主害代成虫羽化始期，每亩放置 4 套信息素诱捕器。诱捕器悬挂于柑橘树阴面通风处的树干上，悬挂高度要高于树冠的二分之一。三是化学防治。统一放梢期，新梢芽长约 0.5 厘米时，萌芽率约 20%，有虫卵率 20% 左右时，用药防治。可选印楝素、氟啶脲、氟虫脲、啶虫脒、阿维菌素、高效氯氰菊酯等药剂。

(七) 柑橘粉虱

1. 为害症状　柑橘粉虱又名橘黄粉虱、橘绿粉虱、通草粉虱，属同翅目粉虱科。寄主植物常有栀子、柿、茶、油茶、栗、桃、女贞、丁香、常春藤、咖啡等。幼虫主要为害柑橘春梢、夏梢，诱生煤烟病，严重时造成枯梢。

2. 形态特征　雌成虫体长 1.2 毫米，雄成虫 1 毫米左右，淡黄色，被薄白蜡粉。翅半透明，被厚白蜡粉而呈白色。复眼红褐色。触角 7 节，第三节比第四节、第五节之和长，雌虫触角第二节、第四节和第六节、第七节上环绕有带状突起（感觉器），雄虫触角除第一节、第二节外，各节均有带状突起。卵椭圆形，顶端稍尖，长约 0.2 毫米，淡黄色，壳面平滑，有光泽。有短柄附于叶背，初产时斜立，后渐下倾，几乎平卧。幼虫初孵时体扁平，椭圆形，淡黄色，体缘有 17 对小突起，上生刚毛，体缘还有放射状白蜡丝，并随虫体增大而加长。成熟幼虫体长 0.7 毫米，淡绿色。蛹壳扁平，近椭圆形，长 1.3～1.6 毫米，体侧 2/5 的胸气门处稍凹下，壳质软而透明，成虫未羽化前黄绿色，可透见虫体，羽化后白色透明。

3. 生活习性　柑橘粉虱在长江流域橘产区 1 年发生 3～4 代，华南发生 5～6 代，一般以大龄幼虫及蛹在叶背越冬。越冬代和第一代、第二代成虫盛发期依次为 5 月上旬、6 月下旬和 8 月中旬。成虫白天活动，飞翔力弱。早晨气温低，大多群集在叶背不太活动，中午气温过高亦少活动，在 7～8 月以傍晚日落前后气温下降时活动最盛。喜在新梢嫩叶背面栖息和产卵，尤以树冠下部和荫蔽处的嫩叶背面产卵最多，在徒长枝中潜叶蛾为害的嫩叶上更多，叶面、老叶和果实上极少产卵。卵散产，卵粒间有白粉。一片叶上产卵可达 100 粒以上，每一雌虫可产卵 120 多粒。有孤雌生殖现象，但其后代均为雄虫。各代幼虫孵化后分别在春梢、夏梢、秋梢嫩叶背面吸食为害。幼虫有 3 龄，初孵幼虫短距离爬行后即固定取食。柑橘园枝叶郁闭阴湿，有利其繁殖和发生为害。天敌发现有刀角瓢虫的成虫和幼虫捕食柑橘粉虱的卵、幼虫和初孵化成虫，也常被多种寄生蜂和粉虱座壳孢菌寄生；后者在多雨季节和荫蔽的柑橘园寄生，对粉虱的发生有显著的控制作用。

4. 防治方法 一是黄板诱杀。主害代成虫羽化始期，亩用黄板 20～30 张，挂于柑橘树中下部。提倡使用全降解黄板；二是化学防治。5%以上的叶片发现有若虫时，在第一代和第二代低龄若虫盛发期用药。可选啶虫脒、阿维·噻嗪酮、阿维·啶虫脒等药剂。

(八) 大实蝇

1. 为害症状 大实蝇其幼虫又名柑蛆，属实蝇科，受害果叫蛆柑。柑橘产区危害严重。成虫产卵于幼果内，幼虫蛀食果肉，使果实出现未熟先黄，黄中带红现象，最后腐烂脱落。

2. 形态特征

成虫：体长 10～13 毫米（不包括产卵器），展翅 20.2～21.5毫米，雌体大于雄体，全身黄褐色，复眼大，肾形，有闪光，雄虫红褐色，头及胸部前方和两侧的鬃毛均呈黑色，中胸背面中央有"人"字形深黄色斑纹。翅透明，翅痣及翅端斑点呈棕色，腹部卵形。

卵：长 1～1.5 毫米，宽 0.3～0.4 毫米，乳白色，长椭圆形，一端尖一端钝，中央稍弯曲。幼虫：老熟幼虫体长 10～21.5 毫米，乳白色，蛆状，口器黄褐色，常缩入体内，体内由 11 个环节组成，无足。

蛹：体长 8.5～11 毫米，宽 4 毫米左右，纺锤形，黄褐色，将羽化时变为黑褐色。

3. 生活习性 柑橘大实蝇在泸溪县一年发生 1 代，以蛹在土中越冬，当地温达 15℃以上时开始发育，5 月上旬开始羽化，5 月中旬为羽化盛期，5 月下旬为羽化末期；成虫交尾期在 5 月下旬至

6月；产卵始期在6月上旬，盛期在6月中旬至6月下旬，末期在7月上旬；卵产于果实内，经20天左右孵化，孵化盛期在8月上、中旬；孵化的幼虫在果实囊瓣中蛀食为害，9月中旬果园就可看见少数受害果实，其被害处周围变为黄色，10月中、下旬被害果开始陆续脱落，老熟幼虫随果落地，经3~5天后钻入土中化蛹，化蛹盛期在11月中、下旬，蛹在土中均为头部向上直立。

4. 防治方法　一是严格实行检疫，禁止从疫区引进果实和带土苗木等。二是树冠喷药诱杀成虫；每亩用0.3千克红糖加90%敌百虫粉剂50克（或2.5%高防乳油30毫升）兑水15千克喷雾，每次每园喷1/3柑橘树，每株喷1/3树冠，每间隔10天一次，连续喷施5次每次每亩用果瑞特1袋（180克）兑水两倍（360克）稀释；每亩均匀喷10个点或每隔3~5株树喷一个点，每个点喷的面积有一顶草帽面积大即可；每隔7天一次，连续喷5次。三是虫果摘捡及处理。初期3~5天摘捡一次，落果盛期一天一次，柑橘园内落下的所有虫果应及时捡拾，装入薄膜袋中，到柑橘全部下树，园中无落果才能停止，在薄膜袋装满虫果封口前，倒入敌百虫或敌敌畏进行药剂处理，然后用绳子扎紧袋口，把装满虫果的薄膜袋斜靠在柑橘树干上或柑橘园斜坡处。

（九）锈壁虱

1. 为害症状　锈壁虱又名锈蜘蛛，属瘿螨科，我国柑橘产区均有发生。为害叶片和果实，主要在叶片背面和果实表面吸食汁液。吸食时使油胞破坏，芳香油溢出，被空气氧化，导致叶背、果面变为黑褐色或铜绿色，严重时可引起大量落叶。幼果受害严重时，变小、变硬；大果受害后果皮变为黑褐色，韧而厚。果实有发酵味，品质下降。

2. 形态特征　成螨体长0.1~0.2毫米，体形似胡萝卜。初为淡黄色，后为橙黄色或肉红色，足2对，尾端有刚毛1对。卵扁圆形，淡黄或白色，光滑透明。若螨似成螨，体较小。

3. 生活习性　1年发生18~24代，以成螨在腋芽和卷叶内越冬。日均温度10℃时停止活动，15℃时开始产卵，随春梢抽发迁至新梢取食。5~6月蔓延至果上，7~9月为害果实最甚。大雨可抑制其为害，9月后随气温下降，虫口减少。

4. 防治方法 一是剪除病虫枝叶，清出园区，同时合理修剪，使树冠通风透光，减少虫害发生。二是药剂防治，发生为害高峰期（6~9月），果面每视野有虫2~3头，或发现个别果面覆有灰尘般黄褐色粉状物时，防治1~2次。可选矿物油、唑螨酯、氟虫脲、虱螨脲、螺螨酯、阿维菌素、石硫合剂等药剂，注意轮换使用。锈壁虱盛发期避免使用铜制剂，以保护锈壁虱的天敌多毛菌。

（十）星天牛

1. 为害症状 星天牛属天牛科。在我国柑橘产区均有发生，为害柑橘、梨、桑和柳等植物。其幼虫蛀食离地面0.5米以内的根颈和主根皮层，切断水分和养分的输送而导致植株生长不良，枝叶黄化，严重时死树。

2. 形态特征 成虫体长19~39毫米，漆黑色，有光泽。卵长椭圆形，长5~6毫米，乳白色至淡黄色。蛹长约30毫米，乳白色，羽化时黑褐色。

3. 生活习性 星天牛1年发生1代，以幼虫在木质部越冬。4月下旬开始出现，5~6月为盛期。成虫从蛹室爬出后飞向树冠，啃食嫩枝皮和嫩叶。成虫常在晴天9~13时活动、交尾、产卵，中午高温时多停留在根颈部活动、产卵。5月底至6月中旬为其产卵盛期，卵产在离地面约0.5米的树皮内。产卵时，雌成虫先在皮上咬出一个长约1厘米的倒"T"字形伤口，再产卵其中。产卵处因被咬破，树液流出表面而呈湿润状或有泡沫液体。幼虫孵出后即在树皮下蛀食，并在根颈或主根表皮迂回蛀食。

4. 防治方法 一是捕杀成虫，白天9~13点，主要是中午在根颈附近捕杀。二是加强栽培管理，使树体健壮，保持树干光滑。三是堵杀孔洞，清除枯枝残桩和苔藓地衣，以减少产卵和除去部分卵和幼虫。四是立秋前后，人工钩杀幼虫。五是立秋和清明前后，虫孔内木屑排除，用棉花蘸乐果塞入虫孔，再用泥封住孔口，以杀死幼虫；还可在产卵盛期用乐果喷洒树干根颈部。

（十一）褐天牛

1. 为害症状　褐天牛又名干虫，属于天牛科，我国柑橘产区均有发生，为害柑橘、葡萄等果树。幼虫在离地面 0.5 米左右的主干和大枝木质部蛀食，虫孔处常有木屑排出。树体受害后导致水分和养分运输受阻，出现树势衰弱，受害重的枝、干会出现枯死，或易被风吹断。

2. 形态特征　褐天牛成虫长 26～51 毫米。初孵化时为褐色，卵椭圆形，长 2～3 毫米，乳白至灰褐色。幼虫老熟时长 46～56 毫米，乳白色，扁圆筒形。蛹长 40 毫米左右，淡米黄色。

3. 生活习性　褐天牛 2 年发生 1 代，以幼虫或成虫越冬。多数成虫于 5～7 月出洞活动。成虫白天潜伏洞内，晚上出洞活动，尤以下雨前闷热夜晚 8～9 时最盛。成虫产卵于距地面 0.5 米以上的主干和大枝的树皮缝隙，成虫以中午活动最盛，阴雨天多栖息于树枝间；产卵以晴天中午为多，产于嫩绿小枝分叉处或叶柄与小枝交叉处。6 月中旬至 7 月上旬为卵孵化盛期。幼虫先向上蛀食，至小枝难容虫体时再往下蛀食，引起小枝枯死。

4. 防治方法　一是树上捕捉天牛成虫，尤以雨前闷热傍晚 8～9 时最佳。二是其他防治方法参照星天牛。

（十二）柑橘凤蝶

1. 为害症状　柑橘凤蝶又名黑黄凤蝶，属凤蝶科，在我国柑橘产区均有发生，为害柑橘、山椒等。幼虫将嫩叶、嫩梢食成缺刻。

2. 形态特征　成虫分春型和夏型。春型，体长 8～21 毫米，翅展 70～95 毫米，淡黄色。夏型，体长 27～30 毫米，翅展 105～108 毫米。卵圆球形，淡黄至褐色。幼虫初孵化出来时为黑色鸟粪状，老熟幼虫体长 38～48 毫米，为绿色。蛹近菱形，长 30～32 毫米，为淡绿色至暗褐色。

3. 生活习性　1 年发生 3～6 代，以蛹越冬。3～4 月羽化的为春型成虫，7～8 月羽化的为夏型成虫，田间世代重叠。成虫白天交尾，产卵于嫩叶背或叶尖。幼虫遇惊时，即伸出臭角发出难闻气味，以避敌害。老熟后即吐丝，斜向悬空化蛹。

4. 防治方法 一是人工摘除卵或捕杀幼虫。二是冬季清园除蛹。三是保护天敌凤蝶金小蜂、凤蝶赤眼蜂和广大腿小蜂，或蛹的寄生天敌。四是在为害盛期药剂防治，药剂可选吡虫啉、除虫脲、氯氰菊酯、溴氰菊酯、苦参碱、敌百虫等。

（十三）玉带凤蝶

1. 为害症状 玉带凤蝶又名白带凤蝶、黑凤蝶。分布和为害与柑橘凤蝶相同。

2. 形态特征 成虫体长 25～32 毫米，黑色，翅展 90～100 毫米。雄虫前后翅的白斑相连成玉带。雌虫有二型：一型与雄虫相似，后翅近外缘有数个半月形深红色小点；另一型的前翅灰黑色。卵圆球形，淡黄色至灰黑色。1 龄幼虫黄白色，2 龄幼虫淡黄色，3 龄幼虫黑褐色，4 龄幼虫油绿色，5 龄幼虫绿色。老熟幼虫长 36～46 毫米。蛹绿色至灰黑色，长约 30 毫米。

3. 生活习性 1 年发生 4～5 代，以蛹越冬，田间世代重叠。3～4 月出现成虫，4～11 月均有幼虫，但 5 月、6 月、8 月、9 月出现 4 次高峰，其他习性同柑橘凤蝶。

4. 防治方法 与柑橘凤蝶的防治方法相同。

（十四）柑橘爆皮虫

1. 为害症状 幼虫蛀害柑橘树的主干或大枝，在树皮下蛀成许多弯弯曲曲的隧道，被害处树皮常整片爆裂，整个大枝条枯干，甚至整株树枯死。

2. 形态特征 成虫体长 6～9 毫米，古铜色，有金属光泽。前胸背板上有许多细皱纹。鞘翅紫铜色，密布细小刻点，上面有金黄色花斑，鞘翅端部有若干明显的小齿。卵扁平椭圆形，乳白至土黄色。幼虫体扁平、细长，乳白色至乳黄色，头部甚小，前胸特别膨大，中、后胸甚小；腹部各节匀称，末端有一对黑褐色坚硬的钳状突；老熟幼虫体长 12～20 毫米。蛹扁圆锥形，体长 8.5～10 毫米，淡黄色。

3. 生活习性 1年发生1代，以幼虫在树干内越冬。3月中旬开始化蛹，4月上旬为化蛹盛期，4月中旬开始变为成虫，4月下旬是变成虫最多的时期，5月中旬成虫大量出洞，6月上、中旬为产卵盛期，6月中下旬大量孵化为小幼虫。新变的成虫咬穿木质部和树皮作D字形羽化孔而出洞。晴天闷热或雨后天晴成虫出洞最多。成虫出洞后晴暖天气多在树冠取食嫩叶成小缺刻，阴雨天多栖息于柑橘树下部枝叶或树头周围草丛中。卵散产或2~10粒密排成片，多产在树干细小裂缝皮下，也有少数产在寄生的地衣、苔藓下面。所以树皮比较粗糙、裂缝多的品种受害较重。老熟幼虫在隧道末端蛀入木质部作蛹室越冬，蛀入孔新月形。

4. 防治方法 ①冬季、春季成虫出洞前（一般在清明前）清除枯死的柑橘树，消灭虫源。②春季成虫出洞前，对于去年发生过虫害的树，用稻草从树头起自下而上边搓边捆，紧密捆扎，并涂刷泥浆，使不留缝隙。此法可杜绝成虫出洞，并有助于树体的伤口愈合，且可减少成虫产卵的机会。③6~7月幼虫初发盛期，根据流出胶点标志，用小刀刮除，再在伤口处涂上保护剂。或用小刀刮去流胶被害处一层薄皮，然后涂上敌敌畏乳剂，触杀皮层内的幼虫。④成虫出洞高峰期，用敌百虫、敌敌畏喷射树冠消除成虫。

第九章

生长调节剂在柑橘生产上的应用

一、生长调节剂的种类

(一) 种类

植物生长调节剂,是指一些天然或合成的有机化合物。它不是营养物质,当以低浓度施用于植物时,可以影响植物的生长过程和形态结构。生长调节剂,不仅包括人工合成的具有生理活性的化合物,还包括一些天然的化合物以及部分植物激素在内。因为被提取的天然激素,被用来诱导植物生理反应时,它们也就成为生长调节剂了。

据报道,目前世界上已列入商品目录、具有生长调节活性的化合物已近 500 种,现在选其中在柑橘生产上常用的种类简介如下:

1. 生长素类 自 F. 克格尔从人尿中分离出吲哚乙酸 (IAA) 以后,进行了许多研究表明,植物体中存在不少类似吲哚乙酸活性物质,然后也合成了许多这类化合物。按其化学构造分成 3 类:

(1) 吲哚化合物:有吲哚乙酸 (IAA)、吲哚丙酸 (IPA)、吲哚丁酸 (IBA)、吲哚乙胺 (IAD) 等。在柑橘上应用最多的是吲哚丁酸,因它的活力强,性质也比较稳定。

(2) 萘化合物:有生产容易、价格低廉、活性强、应用广的萘乙酸 (NAA)。萘乙酸不溶于水而溶于酒精等有机溶剂,其钾盐或钠盐 (KNAA,NaNAA) 及萘乙酰胺 (NAD 或 NAAm) 溶于水,其效应与萘乙酸相同,但要提高浓度,还有萘乙酸甲酯 (NAAne)、萘丙酸 (NPA)、萘丁酸 (NBA)、吲熟酯 (IZAA,

J455）等。

（3）萘酚化合物：有 2,4-二氯苯氧乙酸（2,4-D）、2,4,5-三氯苯氧乙酸（2,4,5-T）、2,4,5-三氯苯氧丙酸（2,4,5-TP）、4氯苯氧乙酸（4-CPA、CIPA、PCPA）、2-甲基 4 氯苯氧乙酸（MCPA）、苯氧乙酸（POA）、苯乙酸（PAA）以及苯噻唑二氧乙酸（BTOA 或 BOA）等，2,4-D 和 2,4,5-T 的活性比 IAA 高 100 倍。

2. 赤霉素类 1938 年分离出赤霉素结晶以来，至目前已知的有 72 种（$GA_1 \sim GA_{72}$），在柑橘上应用的主要有 GA_3、GA_4 和 GA_{4+7}。

3. 细胞激动素类 又称细胞分裂素，已合成的有 6-苄基腺嘌呤（BA、BAP、6-BA）、6-苄基腺苷（6-BAR）、6-（苄基氨基）9（2,4-羟基吡喃基）9-H-嘌呤苯并咪唑（PBA）、6-糠基氨基嘌呤（Kinetin）及二苯脲（DPU）等 10 余种。

4. 生长抑制剂类 这类化合物的化学结构多种多样，作用机理各不相同；但对种子和芽的萌发，根和枝的伸长，均有抑制作用。其作用方式可分为两类。完全抑制或破坏植株顶端分生组织的分裂和生长，其作用不为赤霉素所逆转的称抑制剂（Inhibi、rs）。不抑制顶端部分的生长，仅抑制茎部亚顶端分生组织区的细胞分裂和扩大。因而它只使枝条节间缩短，叶数、节数与顶端优势保持不变，故树形虽矮小，但株形紧凑，形态正常，其效应可为赤霉素所逆转者称生长延缓剂。但生长抑制剂和生长延缓剂不能截然分开。本类物质，种类甚多；并在生产上广泛应用，现将主要种类简介如下：

（1）B_9：又称比久。化学名为 2,2-二甲基琥珀酰肼，溶于热水，属生长延缓剂。

（2）矮壮素：又称三西。化学名为二氯乙基三甲基氯化铵（CCC），是一种生长延缓剂。

（3）整形素：亦称形态素。为 9-羟基 9-羧酸芴的衍生物。常用的多为整形素烷酯。其中，正丁酯整形素（EMD-IT3233）和 2-

氯代整形素甲酯（EMD-IT3456）活力较强，2，7-二氯代整形素甲酯（EMD-IT5733）的活力不及前二者，属激素转运抑制剂。

（4）青鲜素：亦称 MH、抑芽丹。化学名为 N-2 甲基马来酰胺，属生长抑制剂。

（5）调节膦：又名蔓草膦，化学名为氨甲酰基磷酸乙酯胺盐。

（6）多效唑：简称 PP333，化学名为 1-（4-氯苯基）4，4-二甲基-2-（1，2,4-三唑-1-基）戊醇-3，属生长延缓剂。

（7）缩节安：又称助壮素、棉壮素，化学名为 N，N-二甲基呱啶鎓氯化物，属生长延缓剂。

此外，如狄克谷拉克钠盐（ACR）、辛癸酯、辛癸醇、三碘苯甲酸、西维因等属生长抑制剂类；福斯方-D（氯化磷）、AMO-1618、BOH 等属生长延缓剂。

5. 乙烯类 在柑橘上应用最多的是乙烯发生剂乙烯利，是 α-氯乙基磷酸的商品名。

植物生长调节剂，一般指上述五大类。但尚有十三烷醇、芸薹素、EHPP、CPTA、N，N-乙基壬胺、CDEB 等其他许多植物生理活性物质，在柑橘生产上均有所应用。

（二）生理效应

生长调节剂种类较多，作用各异。现将在柑橘生产上应用好的列于表 9-1。

表 9-1　植物生长调节剂的主要种类及其生理作用

种类	代表品种	生理效应	应用
生 长 素 类	IBA 2,4-D NAA IAA	在一定浓度下，促进细胞伸长和形成层的活动，影响细胞膜生理功能和脱氧核糖核酸指令半纤维素酶、果胶甲基酯酶、抗坏血酸氧化酶的合成，使细胞间交叉联络结构松散（局部水解）、细胞吸水，体积增大，促进嫩枝伸长，防止衰老，保持器官的幼年性，但生长素含量高达临界浓度以后，反起到抑制作用	1. 扦插生根 2. 防止落花落果，提高着果率与产量 3. 疏花疏果 4. 抑制萌蘖发生

（续）

种类	代表品种	生理效应	应用
赤霉素类	GA₃ GA₄ GA₇ GA₄₊₇	一方面提高吲哚丁酸的前体物质色氨酸的含量，促进吲哚丁酸合成过程，另一方面降低吲哚丁酸氧化酶的活性，抑制吲哚丁酸分解，与脱落酸有抵抗作用	1. 促进节间伸长，新梢生长 2. 防止落果，提高坐果率 3. 无籽果实形成 4. 防止果实衰老 5. 抑制花芽分化
激动素类	BA BAP	与 IAA 同时存在情况下，可改变核酸、蛋白质的合成与降解，导致生长素、赤霉素和乙烯含量的增加	1. 刺激细胞分裂与伸长 2. 打破顶端优势 3. 促进侧芽萌发
延缓剂和抑制剂类	B₉	抑制 GA 的生物合成，促进 ABA、乙烯含量的增加	1. 抑制新梢生长 2. 节间缩短 3. 促进花芽分化
	矮壮素（CCC）	阻止内源赤霉素的生物合成，促进细胞激动素含量的增加	1. 抑制新梢生长 2. 提高新梢抗寒力 3. 提高花芽分化率 4. 提高坐果率和产量
	青鲜素（MH）	抑制细胞分裂和伸长	1. 提早枝条进入休眠期，促进枝条老熟 2. 延迟春芽萌发期，提高抗寒力
	多效唑（PP333）	抑制赤霉素的生物合成，降低细胞分裂速度和体内"库"的相对强度，抑制营养生长。在土中移动性少，药效期长	1. 抑制枝梢生长 2. 提高坐果率 3. 增强抗寒性
	调节膦（krenite）	促使线粒体解联，抑制氧化磷酸化，促进加镁的膜上三磷酸腺苷酶的活性	1. 提高坐果率 2. 抑制枝梢生长 3. 提高抗寒力

（续）

种类	代表品种	生理效应	应用
延缓剂和抑制剂类	整形素	抑制分生组织的有丝分裂，干扰纺锤体丧失极性，影响分化过程，休眠的分生组织不受直接作用，但可解除相关抑制，并能控制生长素赤霉素的合成	1. 打破顶端优势 2. 促进花芽分化 3. 提高坐果率
	三碘苯甲酸（TIBA）	是一种抗生长素物质，阻碍生长素和赤霉素的运输	1. 抑制新梢生长，开张枝角 2. 促进花芽分化 3. 促进果实成熟 4. 减少采前落果
	脱落酸（ABA）	与赤霉素有抵抗作用	1. 抑制花芽萌动与新梢生长 2. 促进枝条衰老 3. 增加果实着色和离层的形成
乙烯类	乙烯利（ETH）	释放出乙烯	1. 果实催熟 2. 松动果梗，便于机械采收

二、生长调节剂在柑橘生产上的应用

（一）调节休眠与萌发

调节种子、枝条休眠与萌发，是柑橘生产和育种经常遇到的问题。据有关资料及实验表明，赤霉素是最强的萌芽促进剂，GA_3能有效地促进休眠芽萌发，BA次之。如将种子浸泡在40毫克/千克GA_3、40毫克/千克NAA、20%硝酸钾、1.5%～2%硫脲中，可促进萌发。再加入硼酸对促进种子发芽特别有效。

（二）促进生根与苗木繁殖

生长调节剂在柑橘促进生根上应用，主要在扦插和压条两方面应用，促进嫁接口愈合及嫁接苗生长，也开始试用。

目前在柑橘育苗中，应用得最多，效果也最好的是吲哚丁酸（IBA）。因为施用后渐被分解的酶系统所降解。它在植物体内运转很慢，大部分停留在施用部位，作用时间也较长。另一种非常有效的生长素是萘乙酸（NAA）和吲哚乙酸（IAA），NAA的毒性比IBA强，有时会伤害植物。萘乙酸酰胺（NAD），毒性小，使用安全，也可作为生根剂。在萘酚化合物中的2,4-D、2,4,5-T等，在低溶量时能促进生根，可长出粗厚的丛状根系。但IBA能促进须根生长，同时在相同浓度下，IBA促使生根阻碍物质乙烯形成能力在生长素中属最低的一种，所以IBA在近代果树育苗，促进自根苗生根方面施用最广泛。

用生长素处理插条办法，基本上有以下四种：①将插条在20～200毫克/千克的稀溶液中浸泡24小时。②将插条基部在高浓度（1 000～2 000毫克/千克）生长素50%酒精液中，浸蘸2～5秒钟。③将插条基部用水浸湿后，在含0.1%～1%的IBA或NAA的惰性粉末（如滑石粉）中蘸粉。④在欲取插条的母树的树冠喷布一定浓度的生长素后7～10天，剪取插条扦插。

（三）调节花芽分化

调控柑橘开花，在柑橘育种和栽培上都有重要意义。需要幼树早开花、早结果，以利缩短年限。栽培上普遍存在大小年结果，若能调节大年少开花、多发梢，小年多开花、多结果，缩小大小年结果幅度，则有利于年年丰产、稳产和增收。

促进柑橘花芽分化的生长调节剂，有B_9、CCC、PP333、核苷酸等；抑制花芽分化主要是赤霉素（GA_3和GA_{4+7}）。

生长调节剂诱导柑橘实生苗开花，只有通过幼年阶段发育以后才有可能。成年树要在花芽生理分化期前施用，效果才显著；在生理分化期以后施用，虽有一些影响，但作用不大。

（四）保花保果与保叶

柑橘出现第一次、第二次生理落果，是正常的生理现象，但过多就表现异常，应设法采取保果措施，其中使用生长调节剂保花保果是重要的措施之一。

1. 保花保果　赤霉素和细胞激动素是目前公认的效果较好的生理落果抑制剂，一般在谢花后 7 天，果实横径为 0.5～0.6 厘米时，用 50～100 毫克/千克赤霉素喷果，如遇气候反常，如气温升至 30℃左右，可提前于花期或谢花后及时用细胞激动素和赤霉素涂果，浓度为 200～400 毫克/千克 6-苄基腺嘌呤（BA）＋100～250 毫克/千克赤霉素（GA_3）。为防止第二次异常生理落果，可开始在见到幼果不带果梗而从蜜盘处脱落时，喷布 50～100 毫克/千克 GA_3，或用 250～500 毫克/千克 GA_3 涂果。防止第二次生理落果细胞激动素无效。涂果较喷布的用药量少，无副作用，劳动强度轻，但较费工，不过涂果所花的劳动与授粉、人工疏果、人工抹梢相比，还是可取的，鉴于 GA_3 在树体内的传导作用较小，涂果重点应在果梗蜜盘处，无果处可不喷，当浓度提高到 100 毫克/千克以上时，会出现轻微落叶.

2. 保叶　叶是柑橘产量的基础，多叶才能多果。欲获得连年高产和优质的果实，必须确保健康绿色的叶片。若延迟嫩叶转绿和提早落叶，均严重影响树势、产量和品质。

柑橘叶寿命一般为 17～24 个月，长的可达 36 个月。叶中贮有大量养分，当春芽萌动后，除镁、铁外，老叶中的氮、钙、磷、钾、铝及其他微量元素，渐向新叶、枝、花、幼果中移动，老叶脱落前尤为明显。如整个冬季，每隔 1 周叶面喷布 10～15 毫克/千克 2,4-D 2～3 次，防止冬季不正常落叶效果明显。若在 2,4-D 液中加入 0.1%～0.3% 尿素，则效果更佳。

（五）疏花疏果

柑橘疏花疏果，是克服大小年结果最经济有效的办法之一。但人工疏除，费工太多；化学疏除，既省工，又省钱，还可以提早或推迟成熟及增进品质。现将主要疏果剂种类和应用方法简介如下：

1. 萘乙酸（NAA）　一般在盛花后 20～30 天使用最为有效，春季气温回升快、花期较早的地区，宜在盛花后 20 天喷布，相反则在盛花后 30 天喷布为佳，施用浓度常用 200 毫克/千克，当坐果极多或喷药时气温低时，可喷布 300 毫克/千克。在上述浓度与时期喷布，达到疏果的要求。

2. 吲熟酯（J455）　是取代 NAA 的一种新型柑橘疏果剂。一般以 100～200 毫克/千克于盛花后 30～50 天喷布效果最理想。吲熟酯可在梅雨结束后喷布，可避免梅雨期如喷 NAA 那样的困难喷布吲熟酯 1 周后，大量小果开始变黄脱落，落果高峰期约 5～10 天，落果期维持 2～3 周，能使成熟果大小均匀，减少浮皮，提早着色 5～9 天，糖分增加，避免了 NAA 疏果后出现大型果的弊病，并可促使根系生活力提高，增进植株对矿质营养和水分代谢，保持柑橘丰产、稳产。

（六）调控器官生长与发育

广大橘农为了克服抽发夏梢与坐果矛盾，使青年树适期丰产，均采取人工除夏梢技术，以增加坐果率和秋梢质量。但人工抹除夏梢或晚秋梢太费劳力，因此，为了节省成本，各地广泛采用生长调节剂进行抑芽控梢、促进生长与改变枝角、控制萌蘖。现将用于柑橘的调节剂介绍如下：

1. 多效唑　简称 PP333，又名控长灵，属生长延缓剂。在夏梢抽生期喷布 250～1 000 毫克/千克多效唑，抑制夏梢生长可达到 61.4%～82.2%，节间缩短，夏梢数量减少，夏叶增大，坐果率提高，产量增加，果皮变薄，可食率增加。于秋梢伸长末期喷布 1 000 毫克/千克 PP333，可使秋梢粗壮生长，是获得翌年丰产的关键。

2. 调节膦、矮壮素、比久等生长抑制剂　同样可以起到抑制枝梢生长、控制树形的作用。

（七）调节果实品质

柑橘使用生长抑制剂类物质，可增强叶片的光合作用强度，提高果品的糖分含量，有效改善品质的作用。在柑橘盛花末期和第二次生理落果期前，喷布 200～500 毫克/千克的缩节胺，或 200 毫克/千克缩节胺加以氮磷钾钙镁为主多种元素的叶肥，可使柑橘果实糖度增加 1°～2°，风味浓郁，果色鲜艳。在盛花后 30 天喷布 100 毫克/千克吲熟酯，也能获得与缩节胺相同的增质效果，相反如使用赤霉素及生长素类物质，往往会降低果实品质。

（八）贮藏保鲜

由于人民生活水平的提高，除在柑橘成熟期能吃到新鲜的柑橘外，还要求长期能吃到新鲜果实。因此，柑橘贮藏事业有较大的发展，但柑橘贮藏 5 个月后，一般腐烂率达到 15%～30%。在通风库中贮藏，果实水耗也达到 15%～20%，总耗果量即达到 30%～50%，因此损失很大。柑橘在储运过程中，主要由绿霉病、青霉病、蒂腐病、黑腐病、炭疽病及酸腐病等病菌侵害造成腐烂损失。

为了减少柑橘储运过程中的腐烂损失，2,4-D 可以防止储运中的果蒂干枯，控制蒂腐病和黑腐病，多菌灵和甲基硫菌灵是防治绿霉病和青霉病的有效杀菌剂。应用生长调节剂处理后，结合薄膜包装技术，可将腐烂率压低至 5%左右，水耗率控制在 2.5%～5%，总耗果量不超过 10%。

三、生长调节剂的使用

（一）施用方法

1. 树冠喷布　柑橘树冠喷布生长调节剂，被树体吸收利用，要通过叶片的角质层、表皮组织的细胞壁和原生质膜。一般油剂能较快地渗入树体内，原酸较慢，水剂则更慢。例如 2,4-D 类生长素、油溶性较强的异丙酯进入树体最快，而 2,4-D 原酸、2,4-D 盐类则较慢。但 2,4-D 盐类溶于水使用方便，所以生产以 2,4-D 钠盐的水剂为主。

2. 土壤浇施　生产调节剂溶液也可浇入土中，被根系吸收后运到树体各部位发生调节作用。由于根系对土壤溶液中的有机化合物的选择性较弱，生长调节剂较易被根系吸收而进入树体组织内，所以土壤浇施比树冠喷布的吸收量大，作用明显。

3. 树干注射　此法是在柑橘主干上钻一个或多个 3 厘米深和直径 12 毫米的孔，用有注射针头的橡皮塞塞住，这个针头由一个橡皮管连接开口的塑料瓶，然后将瓶吊在洞口上方 60 厘米或更高处，瓶内装入所需的药液，则溶液会慢慢地流入孔内被树体吸收，通过维管束系统运输到树体各部分发生作用，一般 1 个洞孔可以输送 1～2 升药剂。

（二）施用时期

生长调节剂的施用时期，决定于施用的目的。如防止柑橘的落花落果和夏梢发生，必须在落花落果或夏梢发生前施用。柑橘的落果，果实横径长到 3.5 厘求左右时，几乎不再自然落果，此后再喷生长调节剂保果，既不能发挥保果的作用，反而浪费药液和人力。抑制夏梢也是一样，施用过迟，不但不能抑制夏梢生长，反而抑制了秋梢的发生，给生产带来不利。

（三）施用浓度

有些生长调节剂，对柑橘的调节作用有两重性，浓度低促进生长，浓度高时起抑制作用。在施用时要确切地确定适宜的种类和浓度，不能随意提高或降低，不然会引起相反的效果。

一般在柑橘的不同生长发育阶段中，施用生长调节剂最适宜的时期比较短，在多数情况下，只要施用一次，即能收到预期目的。如果最适宜时期比较长，则需较长时期保持生长调节剂的作用，才能达到施用的目的。如选用的生长调节剂药效期比较短，可以在有效浓度内小剂量多次施用，比大剂量一次施用效果好。例如利用 2,4-D 防生理落果，一般柑橘的生理落果期长达 60 天，而喷布一次 2,4-D 的药效期仅 10～25 天，因此每隔 10～25 天喷一次药的比仅喷布一次的保果作用大。但次数不宜太多，通常不超过 2～3 次，次数过多会引起药害。

（四）立地环境

1. 光照 光照能促进树体对生长调节剂的吸收，并且光照能促进叶片的光合强度和蒸腾作用，有利于叶内光合产物和生长调节剂的运转与传导。但光照过强叶面喷布的药滴易干燥，呈固体状附着在叶上，就不利于药液的吸收。因此夏季施用生长调节剂时，避免在上午 9 时后与下午 4 时前的强光阶段施用，以下午 5 时后施用效果最佳，而春秋两季在上午露水干后至 10 时前和下午 4 时后喷布为宜。冬季光照较弱，光对药效影响较小。

2. 温度　叶面角质层的透性与温度关系密切，一般温度高，透性大，相反则低。所以在一定范围内，药液渗入柑橘枝叶的数量，与温度高低呈正相关，气温较高，叶的蒸腾作用与光合作用均较强，可加速树体水分和同化物质的传导。因此，温度较高，也利于渗入树体内的生长调节物质的传导，从而提高生长调节物质的效应。

3. 湿度　柑橘园湿度大，能使叶表角质层处于高度水合状态，可延长生长调节剂药滴的液态时间，能提高树体对生长调节剂的吸收率和发挥其生理调节的效应。

4. 风　柑橘园大风会降低园内湿度和温度，使生长调节剂的药滴迅速干固，并减弱树体生理机能，必然降低外源激素的效能。相反，会延长药滴的液体时间和增进树体生命活动，则生长调节剂吸收率和作用也随之提高。

（五）表面活性剂

施用生长调节剂时，是否添加表面活性剂，其效应相差悬殊。因为柑橘叶表面和果皮具有厚度不等的蜡质层，当未加表面活性剂的药液喷到枝叶及果实上时，药滴与枝叶果表面接触面积小，黏着力低，或由于蜡质层较厚，药液难以渗入表皮层，因此，药效低。相反，生长调节剂中加入表面活性剂后，增加了与枝叶果表面的接触面积和黏着力，使药液慢慢地被枝叶、果所吸收，则生长调节剂的吸入量大，效果就显著。

（六）施用生长调节剂注意的问题

1. 试验与推广　植物生长调节剂对柑橘生长发育的影响，只能在一定的生长发育阶段和一定的环境条件下才起作用。试用时，必须根据当地的柑橘品种特性和环境条件的特点，采用适宜的方法，预先作小型的试验，取得一定的经验后再作大面积应用和推广，未经试验，盲目推广，容易造成药害和经济上的损失。

2. 药害　由于生长调节剂在柑橘保果中，容易速见成效。在柑橘新区，应用时常常发生药害。发生较多药害的生长调节剂：有生长素类的 2,4-D 和防落素，生长抑制类的调节膦和 MH 及乙烯利。2,4-D 和防落素施用不当，常致叶片出现凹凸状，有的嫩梢呈"S"形扭曲，叶片变窄呈柳叶状，有的新梢下垂，叶片卷曲。已发现药害症状后，用水洗也不能奏效，只有待药效消除后的翌年或下季抽新梢时，枝叶才能恢复正常。使用生长素一般不会引起药害，但赤霉素施用浓度过高会降低果实品质。应用调节膦和 MH 的浓度过高，常引起新梢短小，叶片长不大，果实缩小呈僵果状，风味变淡，失去食用价值，其中以调节膦更甚。再如应用乙烯利催熟，必须十分准确掌握浓度，如浓度超过 300 毫克/千克，会造成严重落叶。因此，施用浓度不能随便提高。

3. 毒性　目前柑橘生产上应用较多的生长调节剂，有的有毒，有的肯定无毒，有的尚不清楚。已知赤霉素类和乙烯，在人们食用的植物体中大量存在，这些物质对人体无毒。B_9 等生长延缓剂的毒性程度尚不清楚。已知有毒的生长调节剂的半致死剂量摘录如下：MH 的半致死剂量为 6 950 毫克/千克、矮壮素为 670～1 020 毫克/千克、2,4-D 为 375 毫克/千克、吲哚乙酸为 150 毫克/千克（大鼠）、吲哚丁酸为 100 毫克/千克（大鼠）、NAA 为 1 000～5 900 毫克/千克、萘乙酰胺为 6 400 毫克/千克、萘氧乙酸为 600 毫克/千克、BA 为 1 090 毫克/千克（大鼠）、乙烯利为 4 000 毫克/千克、环己亚胺为 2 毫克/千克、乙二肟为 185 毫克/千克、TIBA 为 813 毫克/千克、整形素＞12 800 毫克/千克、西维因为 500～850 毫克/千克、B_9 为 8 400 毫克/千克、福斯方-D 为 178 毫克/千克、缩节安为 1 420 毫克/千克。

4. 残留　柑橘生产上应用生长调节剂时，必须考虑其残留量的高低。一般毒性大残留量高的应禁止使用，较低的应规定在采果前多少天禁止使用，生产上宜选残留量低的施用。如 MH 喷布后 1 个月，其残留量低于 2 毫克/千克，喷后 57 天，果肉中已全无残留。

5. 补喷与药量　为了提高生长调节剂的吸收利用率，在树冠喷布后须有 8 小时以上的吸收过程，才能保证药效的发挥。如遇喷后 3 小时内下雨，会降低药效。一般喷后 3～4 小时即下雨，通常不能再喷，如行补喷容易出现药量过度或发生药害。如喷后 $1\sim2$ 小时下雨，可以考虑补喷，但需降低浓度。降低浓度范围，应根据柑橘生长物候期和生长调节剂种类而定，不然易发生问题。喷药量不能随便增加或减少，增加喷药量容易发生副作用产生药害，相反则会降低药效。

6. 药液贮存时间 施用生长调节剂时，应随配随喷。如将配好的药液贮存一阶段后再喷，往往会降低药效。因为有些生长调节剂，水溶性较差，如贮放时间一长，容易发生沉淀。也有些生长调节剂具有遇光分解的特性，贮存时间越长，光分解机会越多，则难以保持原来的药效。

第十章
柑橘采收及储藏

一、果实采收

采收是柑橘生产田间工作的结束，同时又是果实贮藏、保鲜、运销的开始，也是果品转变成商品的重要环节。采前做好准备，适时精细采收，提高果品质量，减少在储运当中的损失，达到果品增效，果农增收的目的。

（一）采收前的准备

在果实采收前1个月，要作好采收工作计划，做好充分的准备工作。

1. 制订采收计划　在果实采收前30天左右，应制订采收工作计划，准确地预测产量、成熟期、劳动力、采果和运输工具的需要量等，以利于确定采收时间和各园的采收顺序。使采收工作有条不紊地按计划进行。采收果实应与营销公司、运输单位相衔接，外销柑橘应与外贸商检等部门做好协调工作。

2. 培训采收人员　采收质量好坏直接影响经济效益和果品的信誉。采果人员是否掌握采收技术，直接影响采收质量，故采前要组织采果、运果人员学习培训，提高思想认识，掌握采果、运果技术。不要等到采果时临时随便叫人采果，以免造成果实机械损伤。

3. 工具准备　采果前必须把采果工具准备齐全，主要的采收工具有：果剪、采果袋、采果箱、采果梯和运输工具（机）等。

（1）采果剪：采果前必须备好圆头采果剪。采果时用圆头采果剪采果，避免刺伤果实。

（2）采果袋：在采果之前应准备好采果袋。采果袋一般用布或塑料制成，可以减少果皮的擦伤。采果袋不宜过大，以能装果实5～10千克为宜。装满后轻轻倒入塑料筐中，可以减少果皮的碰伤。

（3）装果筐：一般用塑料制成。果筐不能过大，以装25千克为宜。装果时不要装得太满，以便盖上盖子，便于重叠堆放，不致压伤果实。过去所用的竹筐因刺伤、擦伤果实，现在已经被淘汰。

（4）采果梯：根据树冠高低情况，备好采果梯。采果梯应做双面梯，既可调节高度，又不需靠在树冠上以免损坏枝条。

（二）采果技术及注意事项

1. 采果技术　采果应用采果剪采果。先从树冠下部和外部采起，逐渐向上和向内采摘。做到一果两剪，第一剪离果蒂处一厘米剪下，再从果蒂剪平，防止果梗突起，刺伤其他果实。不要用手摘，尤其不要用手把果实扯下，以防果实内部维管束损伤，引起果实腐烂。当采果篓或采果袋（用布做成，采果时挂在胸前）采满后，再轻轻地倒入垫了草纸的果筐内。采收树顶的果实，不要折断枝条。在采收过程中，要切实做到轻采、轻放、轻装、轻卸，操作时尽量避免机械伤，为贮藏与运输打好基础。同时边采边将病果、虫果、机械伤果、脱蒂果和等外次果剔除，以减轻分级时的压力。

2. 采果时注意事项

（1）下雨天和早上露水未干时不能采果。

（2）采果人员在采果前要剪平指甲，不能喝酒。采果时不要吸烟，以免影响果实耐藏性。

（3）病虫果、伤果要与好果分开装放，以便采后处理。

（4）采摘时不要折断树枝，扯脱果实，损伤果皮，损坏树冠。

（5）采摘果实最好戴上手套，避免指甲刺伤果皮油泡。

（6）装了果的果筐，要放树冠下或荫棚内，防止太阳直晒，伤害果实。

（7）采果期若遇降雨，要待天气放晴几天后再采果，否则果实不耐贮藏。

（三）适时采收

柑橘类果实一般没有后熟过程，一旦采收，其内在品质和营养成分一般不会提高。为保证商品果质量，果实应达到要求的成熟度才能采收。采收过早，糖分积累不足，酸含量偏高，色泽欠佳，经贮藏后果实品质依然不佳，会降低重量和质量；反之采收过迟，落果率增加，不耐储运，易腐烂失水。宽皮柑橘类易发生浮皮病。泸溪椪柑适宜采收期为 11 月下旬至 12 月上旬，这时采果风味更佳。为了做到适时采收，必须了解柑橘果实的成熟特征，各个品种不同成熟期也有差异。

1. 影响柑橘成熟的因素和不同要求的果实成熟度指标

（1）柑橘果实成熟的特征：成熟的柑橘果实与未成熟的果实相比，在外观和内质上都有明显变化。主要表现在：果汁中的糖和可溶性固形物含量增加，酸含量下降，果汁含量增加，果肉组织变软，果皮和果肉出现柑橘橙黄色或橙色的固有色泽，且产生芳香物质。

①可溶性固形物和糖含量增加。随着柑橘果实的成熟，果肉中的糖类以及淀粉、果胶质、多糖类水解产物等不断增加，使可溶性固形物含量提高。当果实达到生理成熟阶段时，可溶性固形物和糖含量也达到最高值。

②酸含量减少。柑橘果实中的有机酸，主要在生长前期积累，9 月下旬以后随着果实的逐渐成熟，其酸含量也渐渐减少。到采收前，泸溪椪柑的酸含量为 5.20 克/升，其他品质与品种之间各有差异。

③组织软化，果汁增加。果实成熟时产生乙烯，使细胞间隙中的不溶性原果胶变成可溶性的果胶或果胶酸，使细胞间的黏结组织结构破坏，细胞膜透性增大，从而使果皮和果肉组织变软。果汁增加是由于果肉中可溶性固形物含量增加，提高了细胞的渗透压．使细胞吸水能力增加所致。

④果实着色。果实成熟时产生乙烯能破坏果皮中的叶绿素，使果皮叶绿素消失。乙烯破坏叶绿素的作用在 20℃左右的气温时

最为明显，高于 34℃ 或低于 7℃ 的气温均难以使果实有良好的着色。

⑤芳香物质的生成。果实进入成熟阶段，由于细胞气体交换减弱，使乙醇、乙醛、酮、酯等挥发性芳香物质的合成加快，因而果实成熟时具有柑橘固有的芳香。

(2) 影响成熟的因素：影响柑橘果实成熟的因素很多，且不少因素间通常又互相影响。主要的影响因素：

①气温。气温是影响果实成熟最主要的因素。热量条件好的南亚热带，柑橘在 11 月上中旬成熟，而热量条件稍差的北亚热带则在 12 月中下旬成熟。

②光照。凡日照充足的产区能促进柑橘果实成熟。相反，光照不足可延缓果实成熟。山地种植的柑橘，向阳坡果实较阴坡着色快，成熟早。

③土壤。沙质壤土上栽培的柑橘，由于土温上升较快，吸收和保持土壤养分、水分的能力较弱，果实成熟有较快的趋势，而种植在黏重、深厚、肥沃土壤中的柑橘，因保肥保水能力较强，果实成熟延迟。此外，土壤浅薄，缺乏水分，夏秋干旱等可促进着色，秋季多雨着色延迟。

④施肥。果实发育后期，多施氮肥会使果实着色和成熟延迟；多施磷肥使果实酸量减少、成熟提早。

⑤植物激素。柑橘幼果期和成熟前喷布赤霉素（GA_3）或 2,4-D 等，可加速细胞分裂，延缓果皮衰老，推迟果实着色。

(3) 适时采收的成熟度指标：柑橘果实采收后，果实的品质和营养成分一般不再提高。为保证果品的质量，采收的果实应达到要求的成熟度。中国农业科学院柑橘研究所经十余年研究，提出了果皮色泽和果汁的固酸比值可作为柑橘果实成熟度的指标。柑橘在年均温 18℃ 以上产区，适宜于采收的成熟度指标：作短期贮藏的果实，色泽应达 5 级（果皮色泽按统一的比色板级别分为 7 级），固酸比值 10：1，作长期贮藏用的果实，色泽应达 3 级，固酸比值 9：1。

2. 采收适期的把握　柑橘果实的用途、去向不同，对采收成熟度的要求也不同，确定采收适期时应根据不同要求，在果实成熟期内选择一个适当的时刻。

（1）鲜食用果实：果实达到该品种固有的色泽、风味和香气，果实的内含物也达到一定指标，肉质已变软时即为鲜食用果实的采收适期。柑橘鲜食采收适期一般为 11 月 25 日到 12 月 5 日。为提早上市的早采，应分批采收，先采摘 3～5 分着色程度的果实，同时应注意每批采摘量之间的比例，首批采摘过多，会导致留树果延迟成熟，甚至外观品质下降。

（2）贮藏用果实：采收期与果实的贮藏关系密切，采收期迟，则浮皮现象发生也严重，浮皮果不仅极易腐烂，而且也易枯水。特别是在冬季温暖多雨的地带，这种情况比较明显。因此，贮藏用果实采收时期应比鲜食用的略早一些，一般果皮着色达 2/3，果实七至八成成熟，肉质尚坚实而未变软肘，就可进行采收。贮藏用柑橘果实采收适期一般为 11 月 15 日到 11 月 25 日。

（3）加工用果实：加工用原料果实的成熟度因加工制品的种类不同而异。如作果汁、果酱、果酒等的原料果实宜在充分成熟时采收，这样产品的可溶性固形物含量高，品质优良；制汁用果实也应在果实完熟期前，果肉质地较硬时采收；制蜜饯用果实应在果皮青色良好时采收，以保证制品色泽鲜艳；制药原料应在幼果期采收。

（4）采种用果实应待种子充分成熟，达到最饱满程度时采收。

二、果实采后处理

（一）采后处理的意义和目的

柑橘生产的目的是以优质的果品供应市场，满足消费者的需要，从而实现其商品价值。在产后必须保持果品新鲜，尽量减少贮藏运销中的腐烂，以达到增产增收之目的。柑橘果品采后处理，包括果品贮藏保鲜和商品化处理，它是柑橘果品生产的继续，是生产和销售之间不可缺少的重要环节。

果实商品化处理后，能满足市场需要，活跃经济，延长供应期，繁荣市场，使生产者能获得较高的经济效益。在商品化处理中，要求贮藏保鲜，而贮藏就意味着延长果实采后的生命活力，使其能够保持原有的商品品质和营养价值。采收以后的果实和生长在树上的果实一样，仍然是一个活的、有生命的有机体，所不同的是它们不能再从树体上得到养分和水分，相反却不断失去的是自身水分和消耗所积累的各种营养物质。

果实生命活动最明显的表现是呼吸作用和水解作用。果实通过呼吸作用，将自身积累的养料如糖、酸等借空气中的氧气氧化成二氧化碳和水，同时放出热量。通过水解作用将复杂的有机物质如淀粉、果胶转化成为简单的有机物。因而随着贮藏时间的延长，这些物质的消耗在增加，果实的色泽、风味、质地和营养价值等都不断地发生变化。

（二）果实商品化处理

1. 果实药液处理　果实从柑橘树上采回以后，果皮上带有多种病菌和污垢，易感染发病，因此要尽快进行药液洗果，最好边采收边浸果，尤其是多雨潮湿的天气。一般情况下，需在采后24小时内洗果。洗果方法：将柑橘浸入配制好的防腐保鲜药液中1分钟左右，取出晾干即可。由于药剂之间存在交互抗性与拮抗作用，一并使用的防腐保鲜药剂种类不应超过3种。柑橘贮藏期果实发生腐烂，绝大多数都是由病害引起的。近几年，柑橘储运期病害逐年加重。主要病害：青霉病、绿霉病、酸腐病，一般在贮藏前期发生（采后侵染性病害）。次要病害：炭疽病、黑腐病、蒂腐病、褐腐病等，一般在贮藏中后期发生（采前侵染性病害）。生理性病害：生理性病害有水肿病、枯水病、油斑病、褐斑病等。目前常用保鲜剂可分为3类：

（1）苯并咪唑类：代表品种有多菌灵、甲基硫菌灵、苯菌灵、特克多（噻菌灵）等，对青霉病、绿霉病、炭疽病、蒂腐病有一定的效果，但对酸腐病、黑腐病无效，且已产生抗药性，已较少使用。

（2）咪唑类：代表品种有咪鲜胺的扑霉灵、施保克和抑霉唑的万利得、戴唑霉，对青霉病、绿霉病、炭疽病、蒂腐病和黑腐病效果好，对酸腐病无效。

（3）双胍盐类：代表品种百可得，对酸腐病特效，对青霉病、绿霉病、炭疽病、蒂腐病效果好，但对黑腐病无效。

配方一：40%百可得 50 克＋45%扑霉灵/施保克 50 毫升＋85% 2,4-D 5～15 克，兑水 50 千克，浸果 2 500～3 000 千克，浸果时间 60 秒。

配方二：40%百可得 50 克＋50%万利得 50 毫升＋85% 2,4-D 5～15 克，兑水 50 千克，浸果 2 500～3 000 千克，浸果时间 60 秒。

上述配方能有效预防柑橘贮藏期青霉病、绿霉病、炭疽病、酸腐病、蒂腐病、黑腐病，果蒂新鲜，果面光亮，保鲜时间 120 天以上。

2. 果实预贮　预贮有预冷散热、蒸发水分、愈合伤口的作用，可防止宽皮橘类的浮皮病、甜橙的干疤病等生理病害。预贮的方法是将防腐处理过的柑橘果实、原筐堆码在阴凉通风的果棚、选果场或专门的预贮室内，让其自然通风、散热失水。也可在预贮室内安装机械冷却器和通风装置，以加速降温、降湿，缩短预贮时间，提高预贮效果。

（1）预贮的目的：柑橘果实在采收以后包装之前必须预先进行的短期贮藏，称为预贮。预贮有预冷散热、蒸发失水、愈伤防病等作用，可防止温州蜜柑、红橘、朱红橘、本地早、南丰蜜橘等宽皮橘类的浮皮皱缩，甜橙的"干疤"等生理病害。

①预冷散热：果实从树上采摘后带有大量的热，俗称田间热。一般每千克果实降低温度 1℃，将放出热量 3.68 千焦耳，即 1 吨果实释放热量 3 681.92 千焦耳。如将田间热带入贮果库内发散出来，势必会提高库温，对贮藏不利。

②蒸发失水：果实从树上采回来后，果皮上带有多种病菌和污垢，易感染发病，因此需尽快用药液洗果，通常在 24 小时以内完成。刚采收的果实，本来表皮细胞含水很多，加上药液浸洗，果面

和果筐上又增添厚厚一层水膜，若不经蒸发、散失而直接包装入库，会大大提高库内相对湿度，对贮藏有害。

③愈伤防病：果实采收和田间运输，容易造成伤口，如果在温暖、潮湿的环境下，微生物就容易侵染滋生，引起腐烂。将果实置于冷凉干燥的地方短期贮藏，轻微伤口细胞便能半木栓化而愈合。愈合后的伤口有保护作用，不会引起腐烂。

（2）预贮的方法：将采收后经药液处理的柑橘果实，原筐叠码在阴凉、通风的果棚、选果场或专门的预贮室内，让其自然通风，散热失水。最理想的预贮温度7℃，相对湿度为75%。故有条件的单位也可以在预贮室内安装机械冷却通风装置，加速降温降湿，缩短预贮时间，提高预贮效果。近年不少国家采用减压法预贮柑橘果实，其预贮时间更短，效果更佳。

（3）预贮的时间：通常柑橘果实以预贮3～5天，失水3%～5%，手握果皮略有弹性为宜。品种和果实质量不同预贮时间也不一致。一般橙类预贮2～3天失水3%以内即可，宽皮柑橘类以预贮3～5天失水3%～5%为好。但阴雨天采收的饱水果预贮时间应相应拉长，以防入库后容易产生生理病害，增加腐烂。

3. 果实分级

（1）分级要求：

①果形。具有该柑橘品种特性，果形整齐，果蒂完整平齐，果实无萎蔫现象。

②色泽。果实自然着色，色泽均匀，具该品种成熟果实的特征色泽；提前上市的单果自然着色面积应大于全果的1/3。

③果面。果面新鲜光洁，无日灼、刺伤、虫伤、擦伤、裂口、病斑及腐烂现象。

④果肉。具有该品种果肉质地和色泽特性，无枯水现象。

⑤风味。具有该品种特征的风味、香味，无异味。

⑥缺陷果允许度。同批柑橘果品中腐烂果（因遭病菌侵染，部分或全部丧失食用价值的果实），不超过1%，严重缺陷果（存在干疤、水肿、冻伤、枯水等缺陷的果实）不超过2%，一般缺陷果

（存在果形不正、着色不佳、果面轻度擦伤或果面有较明显斑痕的果实）不超过 5%。

⑦理化要求。果实大小≥60 毫米，可溶性固形物含量≥11%，固酸比（可溶性固形物与酸之比）≥20，可食率≥70%。

⑧卫生安全指标应符合表 10-1 的要求。

表 10-1 柑橘果实的安全卫生指标

单位：毫克/千克

通用名	指标	通用名	指标
砷（以 As 计）	≤0.5	氰戊菊酯	≤2.0
铅（以 Pb 计）	≤0.2	敌敌畏	≤0.2
汞（以 Hg 计）	≤0.01	乐果	≤2.0
甲基硫菌灵	≤10.0	喹硫磷	≤0.5
毒死蜱	≤1.0	除虫脲	≤1.0
氯氟氰菊酯	≤2.0	辛硫磷	≤0.05
氯氰菊酯	≤0.2	抗蚜威	≤0.5
溴氰菊酯	≤2.0		

注：禁止使用的农药在柑橘果实不得检出。

（2）分级方法：分级分手工分级板和机械打蜡分级机。

①手工分级板。常用于手工分级，分级时将分级板用支架支撑，下置果箱，分级人员手拿果实从小孔至大孔比漏（切勿从大孔到小孔比漏），以确保漏下的洞孔为该组的果实。为了正确地分级，必须注意以下事项：一是分级板必须经过检查，每孔误差不得超过0.5 毫米。二是分级时果实要拿端正，切忌横漏或斜漏，漏果应用手接住，轻放入箱，不准随其坠落，以免导致果实新伤。三是自由漏下，不能用力将果实从孔中按下。

②机械打蜡分级机。机械打蜡分级机通常由药液保鲜装置、提升传送带、打蜡抛光带、烘干箱、选果台和分级箱等 6 部分组成。

A. 保鲜装置：在配制好的保鲜药液中进行浸果，同时除去果面部分脏物和混在果中的枝叶等，通过提升传送带送到下一工序。

B. 提升传送带：由数个辊筒组成滚动式运输带，将果实传送入打蜡抛光带。

C. 打蜡抛光带：该段由一排泡沫辊筒和一排特别的外包马鬃的铝筒制成的打蜡刷组成。经过药洗的果实，先经过泡沫辊筒擦干，减少果面的水渍，再进入打蜡工段。经过上方的喷蜡嘴喷上蜡液或杀菌剂等，再经打蜡毛刷旋转抛打，被均匀地涂上一层蜡液。打过蜡的果实进入烘干箱。

D. 烘干箱：用一组 10 多只 200 瓦灯泡产生的热源进行烘干，使通过烘干箱的果实表面蜡液干燥，形成光洁透亮的蜡膜。

E. 选果台：由数个传送辊筒组成一个平台，经打蜡的果实，由传送带送到平台，平展地不断翻动，由人工剔除劣果，使优质果进入自动分组带。

F. 分级箱：可按 6 个等级大小进行分级，等级的大小通过调节辊筒距离来控制。果实在上面传送滚动时，由小到大筛选出等级不同的果实，选漏的果实自动滚入果箱。

4. 果实包装

(1) 包装的目的：柑橘内销或出口及其他用途而需要转运、贮藏的果实，都必须进行认真的包装。果实包装的目的首先是保护鲜果商品，美化商品，便于贮藏、运输和销售，防止果品在运销、贮藏过程中造成机械损伤、病虫传染、水分蒸发、腐烂变质，以保持果品新鲜、美观。同时统一包装标准，也便于储运中叠码稳固，做好内销和外贸的定价和计量。

(2) 包装场（厂）的设置：目前我国柑橘果实包装场（厂）有两种形式；一种是生产单位设置的临时性或永久性的包装场（厂），进行产地包装。另一种是商业销售部门设置的永久性包装场（厂），进行商品包装，面积较大。包装场（厂）地，应选地势高爽、交通便利、靠近柑橘产区的地方。场地面积要大，可以容纳出入果品和包装器材，并有足够的回旋余地，要远离散发刺激性气体或有毒气体的工厂。

目前我国柑橘包装都是手工操作，所以在建立包装场（厂）

时，常用的必须物品，要同时备齐。

果实包装场（厂）常用的物品，在使用前要彻底消毒，以免残存的病菌在适宜条件下很快滋生蔓延，危害果实。使用完毕后需彻底清洗，防止病菌残存。

（3）包装材料：包装柑橘果品的材料和容器（如纸、箱、篓等），必须清洁、干燥、牢固、美观、无异味，容器内部无尖突物，外部无钉头或尖刺，无虫蛀、腐朽霉变现象，纸箱无受潮离层现象。

①塑料筐或木箱。体积长 60 厘米、宽 35 厘米、高 20 厘米，容量净重不超过 25 千克，箱之中部加隔热板，将果箱内部等分成两半，箱的两侧面各留 3 条缝，底盖各留缝 1～2 条，缝宽 5～10 毫米，底盖和侧板厚 8 毫米，两端和中间的隔板厚 13 毫米。

②纸箱。用牛皮纸夹瓦楞纸板制成，一般需四层才牢固耐压。其规格有 4 千克、5 千克、7.5 千克、10 千克、20 千克五种包装箱。

③竹篓和藤篓。用竹片、藤条或荆条制成，方、圆形均可，但容量不能超过 25 千克，加盖后负压 200 千克，持续 12 小时无明显变形和篓盖下榻现象。藤条篓重不得少于 3.5 千克。

④纸（保鲜袋）。包果纸袋质地细软，薄而半透明，具适当的抗潮力、韧性和透气性。尺寸以包住全果而不松散脱出为度。

⑤衬垫和填充物。木箱应在箱内垫衬垫物一层，竹篓和藤篓在内壁和底下均要垫厚纸。

（4）包装方法

①包纸袋。纸或薄膜每一果实包一张，交头裹紧，处于蒂部，包果纸袋头全部向下。

②装箱。果实套袋后，随即装入果箱，每个果箱只能装同一级果实。外销果实应按规定的个数装箱，内销果实可采用重量包装法。

装箱时应按规定排列，底层果蒂全部向上，上层果蒂一律向下，底层果首先要排列好，然后一层一层地排列均匀，以果箱装平为度。出口果箱在装箱前要先垫好箱纸，两端备留半截作为盖纸，装好后折转来盖在果面上。果实装好后，应分级堆放，并注意护好果箱，防止受潮和鼠害。

③成件。出口果箱的成件，一般有下列几道工序：

A. 打印：在果箱挡板上将印有中、外文的品名、级别、个数、毛重、净重等项的空白处，印上统一规定数字和包装日期及厂号。打印一定要清晰、端正、完整、无错、不褪色。

B. 封箱：纸箱的封箱，要求挡板在上，条板在下，用胶带封口。包装搞好后，就可起运销售。

（5）包装的要求：

①柑橘包装厂（场）场地应通风、防潮、防晒，温度 25～30℃，相对湿度 60%～90%，干净整洁，无污染物，不能存放有毒、有异味物品。

②内包装可采用单果包装，但包装材料应清洁，质地细致柔软、无污染，也可经分级后的果实直接装箱。果品装箱应排列整齐，内可用清洁、无毒的柔韧物衬垫。

③果箱用瓦楞纸箱，结构应牢固适用，且干燥、无霉变、虫蛀、污染。

④每批次包装箱规格应做到一致，其规格可按 GB/T 136T07（苹果、柑橘包装）规定执行，且每箱净重不超过 20 千克，或按客户要求包装。

⑤柑橘包装箱上应标志果品名称、净重量、规格、产地、采收日期、包装日期、生产单位、执行标准代号及商品商标内容。

5. 运输销售　柑橘果实运输是果实采后到入库贮藏或应市销售过程中必须经过的生产环节。运输质量直接影响柑橘果实的耐贮性、安全性和经济效益，严禁运输过程中对果实的再污染。

（1）运输要求：柑橘果实的运输，应做到快装、快运、快卸。严禁日晒雨淋，装卸、搬运时要轻拿轻放，严禁乱丢乱掷。运输的装运工具（如汽车、火车车厢、轮船的装运舱等）应清洁、干燥、无异味。长途运输宜采用冷藏运输工具。柑橘果实的最适运输温度 7～9℃。

（2）运输方式：运输方式分短途运输和长途运输。短途运输是指从柑橘果园到包装场（厂）、库房、收购站或就地销售的运输。短途运输要求浅箱装运，轻拿轻放，避免擦、挤、压、碰而损伤果实。长途运输系指柑橘果品通过汽车、火车、轮船等运往销售市场或出口。长途运输最好用冷藏运输工具，但难以全部采用。目前，运货火车有机械保温车、普通保温车和棚车3种，其中以机械保温车为优。

（3）运输途中管理：运输途中管理是运输成功的重要环节。运输途中应根据柑橘果实对运输环境（温度、湿度等）的要求进行管理，以减少运输中果实的损失。当温度超过适宜温度时，可打开保温车的通风箱盖，或半开车门，以通风降温；当车厢外气温降到0℃以下时，则堵塞通风口，有条件的，温度太低时可以加温。果实运到市场后，就进入销售，即果品直接与客商、消费者交易阶段。果品的批发，与客商交易；果品的零售，直接与消费者交易。不论是批发或是零售，仍应继续防止柑橘再被污染。

（三）果实贮藏保鲜

1. 影响柑橘果实贮藏的环境条件　果实在贮藏中主要进行的生理活动就是呼吸作用和蒸腾作用，呼吸作用的外部控制条件就是温度和气体成分，而蒸腾作用的外部控制条件就是果实表面的湿度。

（1）温度：柑橘果实在贮藏中呼吸消耗的多少取决于其呼吸强度，而呼吸强度则随温度的升高而增强。温度每升高10℃，呼吸强度就增加1～2倍。但是为了抑制呼吸作用而降低环境的温度也是有一定限度的。温度低到一定程度以下，果实就会因冷害而发生生理障害，产生水肿病。温州蜜柑易发生果皮凹点；甜橙果皮失去光泽、果皮绵软，有斑点，果肉出现异味；柑橘受冷害后果实会出现不规则浅褐斑，口感有煤油味，严重时，整个果实变为半透明状，表面浮肿，用手触摸有软绵感，果实失去价值。贮藏期内的温度的稳定也是比较重要的，温度波动大，能刺激酶的活性，促进呼吸，增加消耗。

不同种类对贮藏的温度要求是不同的，一般适宜贮藏温度如下：甜橙 3～5℃、温州蜜柑 5～7℃、红橘 10～11℃、柠檬 10～12℃。

（2）气体成分：一般空气中含有 21％的氧和 0.03％的二氧化碳，氧和二氧化碳的浓度的变化对果实的呼吸作用和衰老过程有很大的影响，一般柑橘果实呼吸量随氧的浓度降低而减少，二氧化碳浓度的增加对呼吸作用会产生抑制作用。但是当氧含量过低和二氧化碳过高时，会发生过多缺氧呼吸，积累乙醇，产生异味，严重时产生生理障害。

柑橘无呼吸高峰，多数国家不用气调贮藏柑橘果实。一般认为柑橘果实的贮藏环境中的气体成分，氧不能低于 17％～19％，二氧化碳不能高于 2％～4％，因此维持贮藏环境中的空气清新是很必要的。

（3）湿度：柑橘果实一般含水 85％～90％，贮藏中的果实，会逐渐蒸发失水，导致自然减重，在湿度较低时，会出现失水导致果皮皱缩，加速衰老。在湿度过大时易发生病害，也易产生生理病害，腐烂增加，柑橘一般贮藏相对湿度 85％～90％较适宜。另外为了保持相对稳定的湿度，果实包装状况也是非常重要的。为提高贮藏环境中的相对湿度，常用聚乙烯薄膜单果包装贮藏，在库内相对湿度降到 70％时，袋内的相对湿度仍可达 90％，且袋内湿度变幅极小（外部变幅 15％时，袋内变幅仅 2％～3％）。

2. 影响柑橘果实贮藏时间的因素

（1）施肥：氮肥不足，则枝叶生长差，果型变小。氮肥过多，则表现枝叶徒长，病虫增多，着色不良，耐藏性降低。磷肥缺乏时，新梢和细根发生显著不足，果实含糖量下降，味淡。磷肥过多，会引起缺铁、缺锌等症。钾肥施用适当，促进枝条粗壮成熟，提高抗旱能力，促进果实成熟，提高品质和耐藏性。为了提高柑橘的品质和耐藏性，应根据土壤肥力和生长情况，多施有机肥或复合肥料，避免过多单施氮肥。

（2）灌溉：合理灌溉对改善耐藏性也是十分重要的。在临近果实采收期之前半月，若土壤不十分干旱，不宜灌水，以免降低果实品质或引起裂果，果实贮藏性降低。

（3）树龄、树势及结果部位：一般健康树所结果实耐贮藏，衰弱树和病虫发生较重树所结果实耐贮藏性差；壮年树的果实比幼年树和衰老树的果实耐贮藏；外围和顶部果实的贮藏性较内膛和下部的果实稍差。

（4）果实大小：柑橘同一品种，大果型果实，果肉硬度和含糖量下降快，生理病害多，多数不耐贮藏；过小果实表面积大，易蒸发失水；中型果大小适宜，果皮结构紧密，最耐贮藏。

（5）果实成熟度：一般用贮藏的果实以八成熟时采收最好，早采品质低劣，晚采果实成熟过度，果内复杂有机物已被转化，风味虽佳，但不耐贮藏。

（6）果实内含物：酸是呼吸基质，柑橘果实贮藏中首先是以酸供给呼吸，一般含酸量较高时耐贮性较强。糖和酸一样是呼吸基质，一般含糖量较高时耐贮性较强，糖酸比小的耐贮藏。

（7）机械伤：果实的果皮被刺破，给病菌侵入敞开了方便之门；同时受过机械伤的果实，如刺伤、摔伤、碰伤、虫伤的果实，呼吸加强，内含物消耗多，不耐贮藏。

（8）药剂保鲜：所有保鲜药剂必须是无公害允许使用的。

（9）薄膜包果：薄膜包果可降低果实贮藏保鲜期间的失重，减少褐斑（干疤），果实新鲜饱满，风味正常。此外，薄膜单果包装还有隔离作用，可减少病害发生。

目前，薄膜包果常用 0.008～0.01 毫米厚的聚乙烯薄膜，且制成薄膜袋，既成本低，又使用方便。

（10）喷涂蜡液：喷涂蜡液，可提高果实的商品性。一般喷涂蜡后 30 天内将果实销售完毕。

3. 贮藏果实的包装方式　经药物处理预贮分级后的柑橘果实可正式进入贮藏库进行贮藏，为保持果实新鲜和湿度，可对果实进行包装处理。

（1）贮藏果实内包装方式：

①专用聚乙烯塑料薄膜单果包装。聚乙烯薄膜单果包装贮藏可

保证果实贮藏的湿度需要，既可防止水分蒸发，保持柑橘新鲜饱满的外观，又可避免病菌的交叉感染，减少果实腐烂，延长果实的贮藏寿命。它是目前广泛应用的贮藏包装方式，也是保鲜效果最好的包装方式，目前其他方式还无法代替。

②保鲜纸单果包装。有增湿防止果实交叉感染的作用，但效果没有塑料薄膜单果包装好，而且成本高，只在特定的情况下使用。

③多果塑料薄膜袋装处理。保鲜效果没有单果包装处理好，容易交叉感病，目前适用小果型果实保鲜（如南丰蜜橘、砂糖橘）。

④精品袋单果包装。袋较厚，需进行打孔处理，成本高。大型果品公司应用较多。

⑤打蜡处理。柑橘果实打蜡后，在果实表面形成一层膜，主要作用如下：一是增加光泽，改善外观。二是减少水分蒸发，使果实保持新鲜。三是阻碍果实内外气体交换（降氧），降低呼吸作用，减少营养物质的消耗和品质下降。四是造成果实内适量的二氧化碳的积累，减少和抑制乙烯的产生，降低呼吸作用。五是可减少病原微生物的侵染。其缺点：一是贮藏时间一旦过长，导致果实无氧呼吸增加，可能会使果实品质变劣，并产生异味。因此，一般只对短期贮藏的果实进行打蜡处理，更多的是在贮藏之后、上市之前进行处理。二是质量差的果蜡有可能对果实造成二次污染。三是成本较高。

（2）贮藏果实的外包装和堆码方式：

①竹筐贮藏包装。它是本地常用的贮藏包装方式，单个容量为10～25千克，也可以用作运输包装、销售包装，目前应用广泛，竹筐可重复2～3年使用，装果前10天要进行消毒处理（喷洒敌百虫和多菌灵后在太阳下暴晒1～2天）。按"品"字形码放。根据库型条件，每堆宽3～4米，长不限，堆间留50厘米宽的通道，四周与墙壁保留20厘米的距离，以利空气流通，操作管理。堆码高度依容器的耐压强度而定，但距离库顶棚必须留60厘米的空间，一般每平方米存放250～400千克。

②木箱贮藏包装。用无异味的木板制成，也是常用的贮藏包装

方式，单个容量为25～50千克，结实耐用，可重复多年使用，消毒堆码方式同竹筐贮藏包装。

③塑料箱贮藏包装。有原塑箱和再生料箱2种，原塑箱质量好，可重复多年使用，再生料箱只能使用2～3年，也是目前常用的贮藏包装方式，单个容量为2.5～25千克，也可以用作运输包装、销售包装，消毒堆码方式同竹筐贮藏包装。

④纸箱贮藏包装。包装果实的纸箱种类很多，有1～2千克的礼品箱（盒），有5～25千克的果箱。一般只使用1次，目前用作运输销售包装比较普遍。

⑤散装贮藏。经济条件较差的果农应用较多，优点是节省成本，缺点是库房贮果量少，容易压伤果实。先在地上均匀铺上5～10厘米厚的松毛、柏枝或稻草，而后将果实排列其上，每20厘米放一层松毛，总高度70厘米左右，四周围上松毛，上层再盖上一层5厘米左右的松毛，为了减少自然失重，顶层可加盖一层薄膜（要注意7～10天揭一次），注意堆码时要留通风和人行过道。

4. 果实贮藏期的管理

（1）库房消毒：果实入库前2周，库房进行消毒处理。常用的消毒方法有硫黄熏蒸，每立方米容积用10克磨细的硫黄粉，按库房大小分成几堆，密闭点火烟熏1～2天。因硫黄粉不易点燃，使用时可加适量氯酸钾作为助燃剂，也可用40%福尔马林40倍液的浓度喷洒库房。消毒密闭3～4天后，然后打开窗户通风，至库房完全无气味后关门备用。

（2）库房管理：柑橘果实贮藏期间要求库房门窗遮光，库内温度保持6～10℃，相对湿度85%～90%，昼夜温差变化较小。

入贮初期，库房内易出现高温高湿，缩短柑橘贮藏寿命，应日夜打开所有通风窗，尽快降低库内温度、湿度，促进新伤愈合，及时检查取出早期烂果、伤果、脱蒂果。凡是堆藏没有进行塑料单果包装，顶层覆薄膜的，前半个月，一般每5天揭一次膜，以后每7～10天揭一次，抖掉水珠。

12月至翌年春节，气温较低，果实贮藏管理也较简单，仅需对贮藏量大的库房适当进行通风换气即可，当外界气温低于 4℃时，要及时关闭门窗，堵塞通风口，加强室内防寒保暖，午间气温较高时应打开门窗通风换气。在气温低于 0℃，此时须增加防寒措施，以防果实受冻。

开春后，外界温度回升，库温随之升高，这时库房管理以降温为主，夜间开窗，引进冷风，日出前关闭门窗。当库房内相对湿度降到 80％时，箱藏柑橘应覆盖塑料薄膜保湿，薄膜离地 25～30 厘米，切勿密闭；堆藏柑橘可覆盖干净稻草保湿。也可用地面洒水或盆中放水等方法提高空气湿度。柑橘贮藏期间要定期检查，随时剔除浮面烂果，但尽量不要翻动。贮藏结束后，及时清理库房，打扫干净。果箱、覆盖用膜在高温炎热季节用清水洗，晾干，保存备用。

5. 贮藏库的隔热和通风

（1）贮藏库的隔热：

①隔热的目的。果品贮藏的寿命受温度的影响最大，温度高低波动，对果品贮藏不利。常温库（室）的温度常随外界温度变化而波动，外界温度高时，库内因受辐射热的传导而随之升高；外界温度低时，库内因散热而温度随之降低，如果温度的月变幅和日变幅较大，则库内温度波动频繁。同样冷库贮藏也会因内外热量交换而难以维持稳定，若使冷冻机组持续工作，则又大大消耗能源。因此，要想维持贮库温度相对恒定就必须进行隔热技术处理。

②贮藏库的隔热。隔热是在贮藏库室的屋顶、墙壁、门窗等处，填充或设置一定厚度热阻数值大的隔热材料（表 10-2），以尽量隔绝贮藏库内外热的传导能力，物质的隔热能力称为热阻，热阻的数值是表示 1 米² 面积、1 米厚的物质在 1 小时之内能传导 4.184 千焦耳热量时两面温度相差的度数。

一般说来，贮藏库的顶和墙的隔热能力以相当于 7.6 厘米的软木板的隔热能力即可。7.6 厘米的软木板的热阻数值是 $7.6 \times 20 \div 100 = 1.52$，查表看出软木板的热阻数值比砖大 13.33 倍，如果单纯用砖作墙的隔热材料，就需要 7.6 厘米×13.33＝101.3 厘米厚

表 10-2　各种隔热材料

材料名称	热阻	材料名称	热阻
聚氨酯泡沫塑料	50.0	锯木屑	11.1
聚苯乙烯泡沫塑料	28.5	炉渣	5.8
聚氯丙烯泡沫塑料	27	木材	5.6
膨胀珍珠岩	33.3～25.0	砖	1.5
加气混凝土	12.5～8.3	玻璃	1.5
泡沫混凝土	7.1～6.2	干土	4.0
软木板	20	湿土	0.33
油毛毡	20	干沙	1.3
芦苇	20	湿沙	0.13
刨花	20	水	2
铝瓦楞板	23	冰	0.5
秸草秆	16.7	雪	2.5

的砖墙，这是非常不经济的。为了节省材料，常用几种不同的隔热材料配合使用，其配合比例就是每种材料的厚度乘以各自热阻数值的总和达到 1.52 以上时即可。

贮藏库的门窗也要求有良好的隔热性能，如出入大门，应在双层木板中填充隔热材料（如泡沫塑料、锯末、木棉或稻壳等），四周钉上胶皮、毛毡等物，使之密闭保温（冷），也可以设置两层大门，中间留作气温的缓冲地带，进外门后不让外面空气直入库（室）内，平时外门加挂棉帘或草帘，其隔热效果更好。

（2）贮藏库（室）的通风：

①合理安置通风设备。通风设备包括进气孔（又名导气筒）和排气窗两部分。进气孔安置在库的底部，位置要低，能使冷空气顺利进入库内。排气窗安置在屋顶，位置要高，便于热空气能顺利排出。一般通风库的容积为 100 米^3，宜安置进气孔总面积 0.15 米^2，排气窗总面积 0.12 米^2。

至于每个进气孔和排气窗面积的大小，则随通风贮藏库的大小和使用方便来决定，一般为 $30\sim40$ 厘米^2，也可以是长方形或圆形。进气孔沿库的纵长方向的两侧设置，排气窗则设在屋顶中央，高出屋顶 $60\sim100$ 厘米为好。有条件的地方，还可以在排气窗内安装电风扇，加快排气速度。有的贮藏库（室）不设进气和排气窗，而开较大的窗户，并在南北两端开门通风，其效果也很好。

②建造通风设施应注意的事项。

A. 在进气口和排气口的面积一定时，进气口与排气口的垂直距离愈大通风效果愈好。

B. 在进气口和排气口垂直距离一定时，通风速度和进、排气口的面积成正比。

C. 在进气口和排气口的面积一定时，进气口和排气口的数量越多，通风效果越好。

6. 贮藏的方法

（1）田间简易贮藏法：

①搭建简易贮藏库。应选择在地势平坦，排水良好的地方搭建，贮藏库的样式和一般建筑工棚相似，长度一般在 $10\sim20$ 米，跨度一般在 $5\sim8$ 米，高度在 $2\sim2.5$ 米。跨度大于 5 米时，一般应搭建"人"字形棚，"人"字形棚的房顶用石棉瓦或者油毛毡覆盖，四周可以临时用水泥砖或油布封闭，最好用塑料泡沫、草帘、秸秆草等隔热。每隔 5 米左右留一通风口（活口），以方便进出和通风换气。库房四周开好排水沟，库底每 $3\sim5$ 米可挖一个进气口。库底用稻草、松针等作铺垫材料。

②库房消毒。果实入库前 2 周，用硫黄加木屑混合点燃，密封 $3\sim4$ 天，或用 50% 福尔马林喷洒，密封 7 天灭菌，然后适当通风换气，待无气味后关闭，贮藏库的大小可以根据柑橘产量来决定，一般每平方米库房可以贮藏果实 $150\sim250$ 千克。

（2）普通仓库和民房贮藏：通风良好、不晒、不漏雨、果堆不受到阳光的直射和具有良好的保温、保湿能力，这是库房选择的基本条件。在柑橘入库前两周，应用硫黄粉密封熏烤 24 小时或用 4% 的漂白粉喷洒，对库房进行杀虫灭菌及防鼠害处理，然后开窗换气，备用。

（3）地窖贮藏：地窖贮藏是四川省南充地区果农普遍使用的甜橙贮藏形式，湖南省怀化果农也用此法贮藏甜橙。选地下水位低、排水良好和土质结实处挖窖，大小以贮藏果实 400～500 千克为宜，如用现成的旧窖，要刮去窖内表面泥土 3～4 毫米，再修平窖壁、窖底，为了增加地窖的贮量，近年对地窖结构进行了改进，创建了楼式地窖。土窖可用 50％福尔马林 200 倍稀释液或 0.1％多菌灵液喷洒消毒。先在窖底垫一层新土、清洁河沙或铺一层薄稻草，再贮藏柑橘。入窖初期，要在气温较低时的早、晚敞开窖口通风换气，防止窖内温度、湿度过高，但在翌年 1～2 月，一定要把窖口封严，防止果实冷坏冻坏。

地窖贮藏是一种具有湿度大（95％～98％）、温度稳定（8～12℃）、一定的二氧化碳浓度（2％～4％）等优点的自然气调系统，保鲜效果优良，但一般只适宜贮藏甜橙，宽皮橘容易产生生理病害。因窖内二氧化碳过多，下窖前一定要试探窖内二氧化碳的浓度。一般用点燃的油灯（或蜡烛）放入地窖，若见火光熄灭，就必须敞开窖口通风换气，直到放入的油灯（或蜡烛）可以正常燃烧才可以下窖。

（4）自然通风库贮藏：自然通风库是通风库中使用最早、分布最广的一种库型。主要利用昼夜温差与室内外温差，通过开、关通风窗，靠自然通风换气的方法，导入外界冷源，调节库内温度、湿度。库内温度的稳定程度与库房结构有关。

自然通风库的建造和库房结构：库址应选在交通方便、四周空旷，附近没有刺激性气体源的地方，库房大小视贮量多少而定。一般每平方米面积能贮果 300 千克左右，每间库房的面积不宜过大，以贮藏 0.5 万～1 万千克为宜，这样的库房有利温度、湿度稳定。库房不能过宽，以 7～10 米为宜，长度不限，库高 5 米左右，库内最好能进拖拉机和微型车。

库房保温系统：自然通风库实际上是常温库，库内的温度受外界气温的影响，频繁的变温对柑橘果实贮藏有害，最好每天温度变化不超过 0.5～1℃。通风库一般都采用双砖墙，墙厚 50 厘米，中间留 20～30 厘米的隔热层，其内填充隔热材料如炉渣、谷壳、锯木屑等，也有直接用空气隔热。库顶设有天花板，其上铺 30～40 厘米厚的稻草，库内安装双层套门，内填锯木屑，避免阳光直射。

通风系统：通风系统由地下进风道、屋檐通风窗、接近地面通风窗、屋顶抽风道组成，地下进风道的道口宜朝北，并呈喇叭状，另一头通至库内。在屋檐下每隔 5～6 米设一通风窗，屋顶每隔 3～4 米设一抽风道，延伸出屋脊。每个抽风道、通风窗口均需安装一层铁丝网，防止鼠类等入库危害。

（5）改良通风库：在自然通风库的基础上，着重对通风方式和排风系统做了改进，改良通风库的结构特点：

在库顶抽风道内增设排风扇，由自然通风改为机械强制通风，提高了通风降温效果。

增加了地下进风道，由原来一条改为二条设置在货架下面，同时增加地面进风口，使进入的冷风直接在果堆中通过，更有利降温。

封闭接近地面的通风窗，增加墙体隔热性。

进风地道口增设插板风门，通过调节风门大小，控制通风量。同时阻止外界热、寒风进库。

库顶由原来平顶改成"人"字形顶，减少通风阻力，避免形成死角。

改良通风库采用自然通风和机械通风相结合的通风方式，克服了自然通风库受外界限制的不利影响，从而使库内通风量增大且均匀，库内温、湿度稳定，尤其是在预贮期和 3 月份后库温升高时，库内温度、湿度控制的效果更为明显，大部分贮藏时间，温差变化保持在 0.5℃以内，相对湿度稳定在 90%左右，贮藏效果优于自然通风库。

（6）控温通风库：改良通风库虽然能在 3 月份后气温升高时使库内温度有所下降，但不易控制到果实贮藏需要的适宜温度，因而 3 月中旬后腐烂明显增加，贮期不能延长到 4 月以后，如果要进一步改善库房温度、湿度条件，将 3 月份后的库温控制在适于贮藏的范围内，使贮藏继续延长至 5 月份以后，就需要建造控温通风库。

控温通风库主要是在改良通风库的基础上增加制冷增湿装置，制冷增湿装置由冷源、冷风柜及通风设施组成。

（7）冷库贮藏：主要是具备良好的隔热装置和冷冻设备，可人为控温不受季节限制，但建造和管理成本都大，贮藏苹果、梨等落叶水果较多，贮藏柑橘较少，但也可以贮藏柑橘，主要是控制好温度、湿度和气体成分。

第十一章
柑橘加工和综合利用

柑橘具备鲜食特性，果实耐贮藏，同时易于加工。柑橘从果皮、囊衣、果肉至种子，各个部分均含有丰富的营养物质，而且易于提取利用，可作为原料用于医药和化工行业。发展柑橘加工产业，综合利用开发柑橘，可扩大柑橘利用价值，延长柑橘产业链，提高经济效益。柑橘可加工成天然原果汁、浓缩汁、柑橘汁饮料、果酒、果醋等产品，同时进行深加工和副产物综合利用，可加工成柑橘油、药物、饲料等，对柑橘进行充分利用，降低成本，减轻环境污染，促进柑橘产业持续健康发展。

一、柑橘加工

（一）原料前处理

柑橘果实的质量和数量都是加工前需要考虑的首要问题，要保证果品的质量、数量，降低储运成本。加工厂宜设在产地，与果园签订长期供果合同，由加工厂提出采收标准，果园则按要求提供加工用果，使双方收益都有保证。

1. 果实采收　柑橘品质最佳之时是在树上充分成熟之时，可根据果实色泽、可溶性固形物、总酸含量、固酸比值、成熟度等，合理安排采收时期。加工一般要求充分成熟即可采摘，此时的可溶性固形物和出汁率最高。加工厂在收购果实时，应按质论价，既有利提高加工品的质量，又可鼓励果农栽培加工良种和适应采收标准。

2. 鲜果的储运　采摘和装运过程中要避免挤压、撞击和挂伤，避免堆放过高造成果实机械损伤。装卸运输和储存过程中要注意卫生条件，特别是装果容器应经常清洗消毒，装卸场地和储存库也要清洗和消毒。运进厂的果实应先经检选，剔除伤病虫果、枝叶、碎屑等杂物，根据来源和成熟度的不同分开存放，标记清楚，测定糖酸等理化指标供计价和加工调酸参考。果实应储存于阴凉低温通风的环境中。果实采后经过 10 天左右后熟期存放，品质更好。后熟期后及时加工，保持新鲜。储存期要定期检查果实，确保果实保持优良品质。

3. 果实的清洗和分选　柑橘清洗可采用浸洗、涮洗、喷洗，清洗时可加入专用洗涤剂。为节约用水，洗涤后的水可经过沉淀、过滤等方法再生，循环用于果实的清洗。为保证加工产品的质量和标准，减少损耗，原料果可根据果实大小、重量、色泽和含糖量等进行分级，并剔除不合格的果实。分级的要求是根据加工目的和工艺要求来确定。

（二）柑橘汁加工及其产品

柑橘汁可分为天然原果汁、柑橘饮料、柑橘浓缩汁。柑橘果实的皮在压榨时，果实细胞壁破损，汁液从中流出，就是天然的柑橘果汁，又叫原汁，在此基础上脱水浓缩，去掉一部分水分，就成天然浓缩汁。柑橘原汁除可直接饮用外，还可用于制作果汁饮料、汽水、汽酒、果酒、果醋、果冻、果露、果糖、果汁粉等产品，往浓缩汁添加因在浓缩过程中失去的水分和香料，就可复原成原汁（复水原汁）。

1. 柑橘汁生产的工艺流程

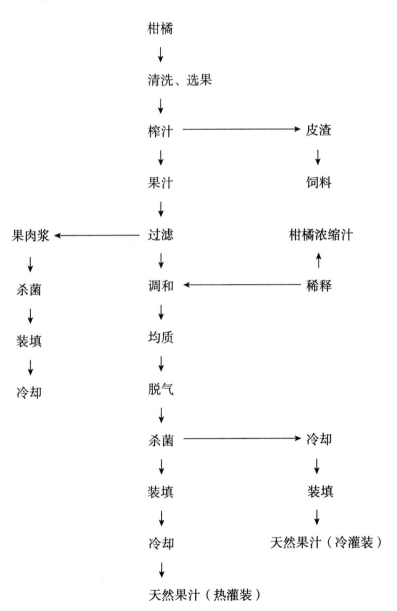

（1）天然柑橘汁工艺流程：

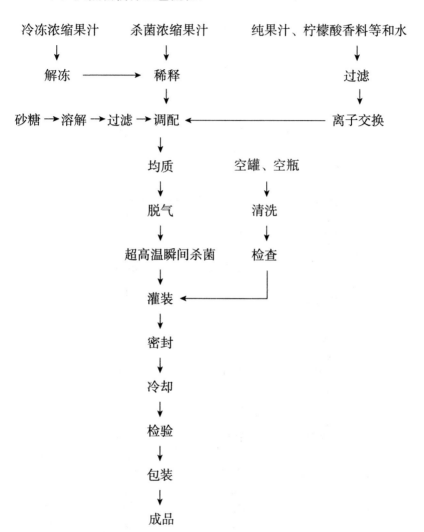

（2）柑橘果汁饮料和果汁清凉饮料生产工艺流程：

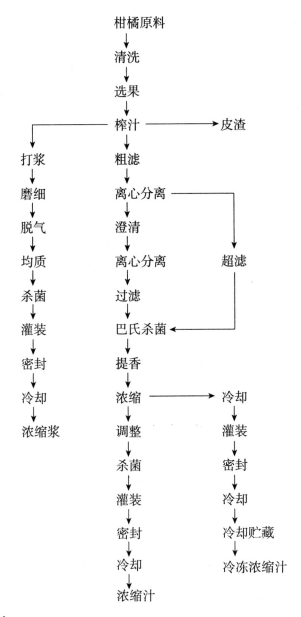

2. 原汁加工工艺

（1）榨汁：大都采用压榨来提取果汁。柑橘的外果皮中分布许多的油胞，油胞内含有精油，在精油中除了萜、倍半萜等物质外，还有醇、醛、酮、酸、酯和蜡等，赋予柑橘特有香气的物质主要是醇类和酯类，但其中的许多物质在以后的加工过程中会发生变化，使果汁变味。白皮中含有橙皮苷、柚皮苷、柠檬苦素等，这些物质会使果汁带有特殊的苦味。柑橘种子含有柠檬苦素和大量的油脂，会使果汁带异味和苦味，所以在榨汁前要去皮、去核。去皮、去核以手工操作为主。

柑橘榨汁可用单道或双道打浆机打浆后再用离心机进一步分离浆料中带有的果汁，也可用螺旋压榨机榨汁。为了防止果汁的氧化，可以在榨汁过程中加入0.05％的异-抗坏血酸钠。

（2）澄清和过滤：榨取的果汁往往会带有囊衣碎片或粗的果肉浆，所以要进行澄清和过滤。澄清方法主要有自然澄清法、明胶单宁澄清法、加酶澄清法、冷冻澄清法和加热凝聚澄清法。果汁澄清后进行过滤操作，过滤方法有压滤法（薄层过滤、硅藻过滤）、真空过滤法和离心分离法。过滤机过滤网孔径为0.2～0.3毫米。榨汁后也可用超滤取代酶法脱胶澄清和过滤工序，大大简化果汁的澄清过程。

（3）柑橘汁的脱苦：柑橘苦味物质主要分为两大类，一类是三萜化合物，主要代表物为柠檬苦素和诺米林等；另一类为黄烷酮糖苷类化合物，主要代表物为柚皮苷、新橙皮苷等。脱苦的方法有吸附法、添加苦味抑制剂法、酶法、代谢脱苦法、固定化细胞、超临界二氧化碳脱苦、膜技术脱苦和基因工程脱苦。

（4）柑橘汁的糖酸调整与混合：调酸的基本原则，一方面要实现产品的标准化，使不同批次产品保持一致性；另一方面是为了提高柑橘汁产品的风味、色泽、口感、营养和稳定性等，力求各方面达到较好效果。

①糖的调整。它是在鲜果汁中加入适量的砂糖和食用酸（柠檬酸或苹果酸）。一般是将原果汁放入夹层锅内，然后将液化并过滤

的糖液在搅拌的条件下加入果汁中，调和均匀后，测定其糖度，如不符合产品要求，可再进行适当调整。

②果汁的调和。柑橘果汁与其他果汁适当调和还可制得更好的果汁，可取长补短，获得品质良好的复合果汁。例如可用5%左右的甜橙汁与柑橘汁进行调和。

（5）脱气：榨出的果汁中含有的气体总量达30～58毫升/升，其中与品质劣化关系最大的是氧，含量达2.3～4.7毫升/升，此外还有二氧化碳和氮气等。为减少或避免柑橘汁的氧化，减少柑橘汁色泽和风味的破坏以及营养成分的损失，如维生素的氧化，防止马口铁罐的氧化腐蚀，避免悬浮颗粒吸附气体上浮，防止罐装和杀菌时产生泡沫。过滤后的果汁要及时进行脱气。脱气一般是使用真空脱气罐脱气。真空脱气是将处理过的果汁用泵打到真空罐内进行抽气的操作。其要点：一是控制适当的真空度和果汁的温度。为了充分脱气，果汁温度应当比真空罐内绝对压力相应的温度高2～3℃。果汁温度热脱气为50～70℃，常温脱气为20～25℃，一般脱气罐内真空度为90.7～93.3千帕。二是被处理的果汁的表面积要大，一般是使果汁分散成浆膜或雾状以利用脱气。三是要有充分的脱气时间。真空脱气处理一般有2%～5%的水分因为挥发而损耗掉，必要时可回收加入果汁中。

（6）柑橘汁的杀菌与包装：

①柑橘汁的杀菌是产品得以长期保藏的关键。进行杀菌时，一方面需要杀死柑橘汁中的致病菌和钝化柑橘汁中果胶分解酶和抗坏血酸氧化酶等，同时要考虑产品的质量、风味、色泽和营养成分以及物理性质和稳定性等不能受到太大的影响，因此要控制杀菌温度和杀菌时间。生产中广泛采用高温短时杀菌，一般温度为93.3～95℃，时间为15～20分钟。

②柑橘汁包装。可用玻璃瓶、金属罐、塑料瓶、纸容器、新型容器进行包装。

③装填和冷却。装填的方式因用途不同而不同。如果是作为纯天然柑橘汁成品，除纸质容器外几乎都是热装填。杀菌结束后送到

装填工序的果汁温度一般为 90℃左右，对于罐装来说，洗净的空罐进入自动定量装罐后立即进行密封。将密封后的罐头倒置 30～60 秒，利用果汁的余热对罐盖进行杀菌，随后用冷水将罐头冷却到 38℃左右；如果是作为半成品，一般是用容量为 25 升的塑料桶装填，杀菌后的果汁，先经冷却器冷却到＜10℃，而后在无菌室装填密封，并送到 0～3℃的冷库贮藏或冻藏。装填前容器要先经清洗消毒。

3. 浓缩汁的加工工艺 柑橘原汁的含水量约 90％，在储存过程中，果汁的芳香物质会以不同的速度散失，其他成分也会发生不同程度的变化，从而影响果汁的品质。通过浓缩，可以将原果汁的糖度和酸度提高 4～6 倍，这不仅有利于贮藏与运输，而且能提高品质和成分的稳定性。浓缩果汁的生产工艺与纯天然果汁的生产工艺相比，在原料验收、选果、清洗、榨汁等操作相同；所不同之处，是必须使果肉浆含量尽可能地少。果肉浆含量多，不仅使高黏稠度果汁浓缩效率降低，而且容易引起焦化等现象。

（1）果汁浓缩的方法：一是真空浓缩法，是在减压条件下，在较低的温度下使柑橘汁中的水分迅速蒸发，这种方法能缩短浓缩时间，又能较好保持汁的质量。二是冷冻浓缩法，即冷冻使水变成固相的冰从而实现分离的方法。三是反渗透浓缩法和超滤浓缩法，是利用渗透压与膜两侧溶质质量之差成正比，通过外界压力使果汁中的水分反方向透过膜进行扩散，达到浓缩的目的。在选用某种浓缩方法时，必须首先考虑到浓缩果汁的质量，即成品必须保存新鲜水果的天然风味及营养价值，用水冲稀后必须具有与新鲜果汁相似的品质；其次要考虑果汁的热稳定性、经济性和实用性。

①蒸发浓缩。该种方法是制造浓缩果汁最重要的和使用最为广泛的一种浓缩方法。根据浓缩温度的不同。可分为低温（15～30℃）浓缩和中温（40～60℃）浓缩，柑橘汁宜采用低温浓缩。浓缩的设备有降膜蒸发式、平板蒸发式、离心薄膜蒸发式、强制循环

蒸发式、搅拌蒸发式等。离心薄膜式蒸发器在 1～3 分钟的极短时间内就完成 8～10 倍的浓缩。经浓缩柑橘汁的可溶性固形物含量可提高到 65％以上。

②冷冻浓缩，冷冻浓缩是先将果汁进行冻结，使果汁中的部分水结冰，然后用机械方法分离冰晶，即可得到浓缩果汁．这种方法在排除果汁中的水分时，避免了加热和真空的作用，使芳香性物质损失极少，所得产品质量远比蒸发浓缩的要优，并且热量消耗少。其浓缩过程如下：

原果汁 → 预冷器 → 冷却 → 排水→ 浓缩果汁 → 冰晶洗涤水。

从保证产品质量的角度而言，冷冻浓缩是目前最好的一种果蔬汁浓缩工艺，但它的设备投资和作业成本都很高，生产能力小，产品浓缩度低，一般在 40°～50°Bx 左右。

③反渗透浓缩。在常温（5～25℃）下，用泵将原果汁的压力提高到 2.94～14.7 兆帕，迫使水分通过特制的半透膜而除去，常用的半透膜是醋酸纤维或其衍生物。反渗透浓缩可将果汁的浓度提高到 35°～42°Bx。与蒸发浓缩方法相比，反渗透浓缩法的设备投资仅为前者的 1/3 左右，能耗低，仅为蒸发法的 1/17，生产成本仅 1/5 左右，但浓缩的倍数不高，一般在 25°Bx 左右。反渗透需要与超滤和真空浓缩结合起来才能达到较为理想效果。超滤法和反渗透法没有明显区别，不同之处是前者操作压力低，小分子可以透过，后者是操作压力高，小分子透不过。

（2）苦味物质的回收：浓缩果汁的加工过程，与果汁风味相关的香气成分很难完整保存下来，所以必须将这些逸散的芳香物质进行回收浓缩，加回到浓缩果汁中，以保持原果汁的风味。芳香回收浓缩的方法有两种，一种在浓缩前，将芳香成分分离回收，然后加回到浓缩果汁中；另一种是将浓缩罐中蒸发蒸汽进行分离回收，然后加回到浓缩果汁中。香气回收主要采用蒸馏原理，根据果汁各组分挥发性的差异，即各成分的沸点不同使之分离。

回收流程如下：

脱香柑橘汁　　　　　　　　　　蒸馏水

柑橘汁 → 部分蒸发 → 含芳香物质 → 水蒸气蒸馏或精馏 → 芳香物质（1：100～300）。

回收方法有多级蒸馏法和扩散香气精馏。

（3）浓缩汁的填装：柑橘原汁经浓缩到所需浓度后的装填方法有两种：①先经预冷后装填，并在－24～－20℃甚至更低的温度下进行冷藏。为了防止氧气的不利影响，产品应该灌满容器，容器顶隙要尽可能地小，最好没有顶隙。②浓缩之后再次进行加热杀菌，即将浓缩汁加热到85～90℃后，立即进行热装填，密封并进行冷却。为了防止浓缩汁品质恶化，可以通过振动式或回转式来促进冷却。产品的贮藏最好是在4℃的冷藏库中冷藏。

（三）柑橘幼果及柑橘籽加工利用

（1）利用柑橘落果、修剪果为原料生产 Smp-A、Smp-B、Smp-8、Smp-12 系列药用产品。

（2）利用柑橘渣加工黄酮工艺流程：

试剂配制

榨汁后的果渣或提取果胶后的渣→ 粉碎→ 前处理 →提取→结晶 →分离 →干燥→ 粉碎 →待检 →混批→检验→包装 → 产品。

（四）其他柑橘产品的加工工艺

1. 柑橘酒的加工　柑橘酒是用柑橘原汁经全发酵法制得的干型或半干型果酒。果酒中含有 17 种氨基酸，其中 7 种为人体必需的氨基酸，每 100 毫升柑橘酒含游离氨基酸总量达 141.61 毫克，此外还含有人体所需的微量元素铁、锌和常量元素钙、钠以及维生素 C、维生素 B_1、维生素 B_2 等，是一种滋补保健型果酒，具有促进血液循环和防止血液酸性化、血管阻塞、心肌梗死等多种保健功效，而且风味独特。

（1）柑橘酒的生产工艺流程：

果渣→发酵蒸馏→白兰地
↑
柑橘鲜果→挑选清洗→去皮→压榨→果汁→澄清杀菌除杂→果汁的调配→主发酵→分离与后发酵→下胶澄清→过滤→陈酿→过滤→调配→灌装→杀菌→冷却→成品酒。

（2）操作：

①柑橘的挑选、清洗、去皮、破碎、榨汁。见纯天然柑橘原汁生产的操作，榨汁时可加入适量二氧化硫。收购果实烂果率小于2％，产区农药残留、重金属普查必须合格。

②果汁的澄清、杀菌。榨出的柑橘汁，往往含有一些橘络等不溶性物质，这些物质混在果汁内发酵，会产生一些不良成分，给柑橘酒带来异杂气味和苦涩味。因此榨出的果汁要及时用筛网过滤，加入一定量的果胶分解酶，静置数小时，再用硅藻土或膨润土精滤。果汁杀菌一般采用加偏重硫酸钾，分解产生二氧化硫，可加速胶体凝集，使果汁澄清，二氧化硫用量需严格把关，一般果汁中添加量为 100～120 毫克/升。

③果汁的调配改良。果汁的调配改良即对果汁进行拼配和糖酸调整。根据成品的酒度酸度要求，将果汁的含糖量控制在 20％～22％，酸度以 0.008～0.012 克/毫升。一般采取分 2～3 次加糖浆的方法，保持果汁发酵旺盛。

④主发酵。在已调整妥当的果汁中，添加 1％～2％的酵母进行发酵。整个发酵过程分几个阶段。初始阶段，即是酵母的适应期，此时的温度宜掌握在 28～30℃。当酵母菌适应了新环境后，很快就开始繁殖，一般 24 小时即可达到高峰，进入酵母繁殖的极盛期。由于发酵产生酒精，是一个放热反应，使品温不断升高，因此要采取降温措施，将品温恒定在 28℃左右。随着酵母的不断增殖，代谢衍生物乙醇和二氧化碳也不断积累，同时 pH 也在相应地变化，而酵母的最适 pH 一般为 5.5～6.0。如果乙醇达不到应有的含量，说明酵母的繁殖也已受到抑制，则需适当地添加酵母液和糖浆，同时调整 pH 和温度，并排除多余的二氧化碳，继续发酵，

整个发酵周期要 5～7 天。

⑤分离与后发酵。主发酵结束后，要对清酒与沉淀物进行分离。同时利用分离时带入的少许空气来恢复一些酵母的活力，将酒中的残糖继续分解。后发酵之后酒中的残糖量应在 150 克/升以下。

⑥陈酿。刚发酵后的新酒，混浊不清，风味欠佳，要经过长时间的陈酿，使柑橘酒中的不良风味物质减少，芳香物质增加，蛋白质、单宁果胶质等沉淀析出，从而改变酒的风味。陈酿的时间为 3 个月至 1 年。

⑦调整过滤。根据产品的质量要求，对陈酿后的柑橘酒进行酒度、酸度的调整，并用膨润土或硅藻土等进行澄清过滤。

⑧超滤包装。用果酒超滤机进一步除去酒的细菌及杂质，即可进行包装。

2. 柑橘果醋的加工 柑橘果醋集营养与保健于一体，不仅具有独特的香气和滋味，还可作调味品，而且具饮料功能，具有广阔的市场前景。柑橘果醋含有 10 种以上有机酸和人体所需的多种氨基酸，它是以醋酸为主要成分的酸性饮品，医用价值高，是其他饮料无法比拟替代的，是名副其实的营养型饮品。

（1）柑橘果醋酿造工艺流程：

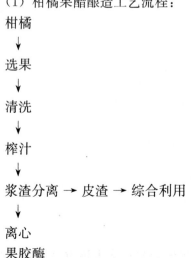

柑橘
↓
选果
↓
清洗
↓
榨汁
↓
浆渣分离 → 皮渣 → 综合利用
↓
离心
果胶酶

↓

液化

脱苦酶

↓

脱苦

复合澄清剂

↓

静置澄清

↓

排渣

↓

调整酸、糖、二氧化硫

↓

酒精发酵 ← 种子罐培养 ← 三角瓶培养 ← 试管培养 ← 酵母菌种

↓

醋酸发酵 ← 种子罐培养 ← 三角瓶培养 ← 试管培养 ← 醋酸杆菌

↓

陈酿

↓

冷冻过滤

↓

超滤

↓

罐装

↓

包装

↓

柑橘果醋

（2）工艺流程简要说明：

①原料选择。选择新鲜的柑橘原料，要求糖分含量高、香气

浓、充分成熟、汁液丰富、酸分适量，无霉烂果。

②榨汁。经分选洗涤的柑橘果实采用 FMC 整果榨汁机榨汁，这种榨汁机是目前用于柑橘榨汁最先进的设备，实现一次性皮渣与汁液分离。

③离心分离。榨汁后的果汁采用离心机离心分离，除去果汁中所含的浆渣等不溶性固形物。

④液化、脱苦。将果胶酶、复合脱苦酶与偏重亚硫酸充分溶解后加入橘汁中并充分搅匀，于一定温度下保持几小时，然后进行酶处理。

⑤静置澄清。将复合澄清剂稀释溶解后加入脱苦橘汁中，充分搅匀，然后于室温下静置 24~48 小时，观察其澄清度。

⑥果汁成分调整。为了使酿成的酒中成分接近，且质量好，并促使发酵安全进行，澄清后的原橘汁需根据果汁成分的情况及成品所要求达到的酒精度进行调整。主要是根据检测的结果，计算需补加的糖、酸、二氧化硫量。

⑦低温酒精发酵。将经过三级扩大培养的酵母液接种发酵，接种量为 1%~5%，并经常检查发酵液的品温、糖、酸及酒精含量等。发酵时间为 4 天左右，到残糖降至 0.4%以下结束发酵。

⑧醋酸发酵。经过三级扩大培养的醋酸杆菌接种于酒精发酵汁中，接种量 10%左右，并经常检查发酵液的温度、酒精及乙酸含量等。发酵时间为 2 天，至乙酸含量不再上升为止。

⑨陈酿。加入一定酶制剂，保温处理后，常温陈酿处理 1个月。

⑩冷冻过滤。为提高果醋的稳定性和透明度，采用人工冷冻法使原醋在 -6℃左右存放 7 天，冷冻后用硅藻土过滤机过滤。

⑪调香调味。用柑橘香精和调味物质对成品果醋进行调香和调味。

⑫超滤。为了保持柑橘果醋的营养和风味，避免加热杀菌使果醋的营养成分损失，利用超滤技术除菌和降悬浮物，提高产品的品质。

⑬自动灌装封口。超滤果醋经高位缓冲贮罐进行自动定量灌装，及时旋盖封口，注意避免细菌污染。

⑭检测、贴标。灌装后的柑橘果醋经检测合格，然后贴标、装箱即为成品。

3. 柑橘果醋风味的调整 果醋在加工过程中发生风味成分的反应是不利的。为了解决或减轻营养成分与风味间可能存在的某些矛盾，我们要加强果醋香气的控制。

（1）酶的控制作用：柑橘果汁中含有一定的苦味物质如柚皮苷和柠碱，应用柚皮酶水解柚皮苷生成无苦味的黄烷酮葡糖苷和鼠李糖及柠檬酸脱氢酶打开柠碱 D 内脂环生成无苦味的 17-脱氧柠檬酸 A 环内酯，即可很好地解决这个苦味难题。

（2）微生物的控制作用：发酵过程是将微生物加入食物内进行人为管理的繁殖，发酵香气主要来自微生物的代谢产物。在柑橘果醋的酒精发酵过程中，加入一定量的乳酸菌和产酯酵母一起发酵，产生乳酸和酯类物质。乳酸和乙醇进行酯化反应生成乳酸乙酯，增加果醋的酯香味。

（3）食用香料的增强作用：柑橘果醋在生产过程中将产生一定风味物质的损耗，我们应加入适量的水溶性香料来弥补损耗。通常使用香橙、柠檬、葡萄柚等组成的复合柑橘型香料，来增强柑橘果醋的水果香味。同时加入微量的乙基麦芽酚、MSG 等香味增效剂形成清新、和谐、圆熟的柑橘果醋特征香味。

（五）柑橘果粒饮料的加工

柑橘是一种非常适宜进行果粒加工的柑橘品种。柑橘果实的可食部分比例高，可以提高汁胞得率。囊瓣组织的离散性良好，汁胞易分离，囊衣与汁胞粘连紧密度小，必须采用气流喷射工艺分离汁胞，提高生产效率。汁胞饱满，有较好的硬度和弹性，不易变形，形态美观，大小均匀，色泽鲜艳，呈橙黄色和橙红色，汁胞柄不显著，基本上没有的死汁胞及粒化症汁胞。果汁可溶性固形物在 12％以上，含酸量在 0.8％左右，甜酸适度，脆嫩化渣，风味浓，香甜。

1. 果粒饮料工艺流程

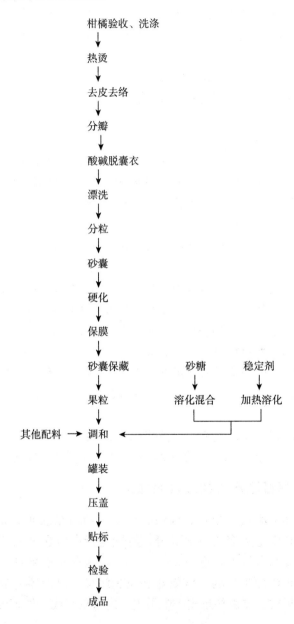

柑橘验收、洗涤
↓
热烫
↓
去皮去络
↓
分瓣
↓
酸碱脱囊衣
↓
漂洗
↓
分粒
↓
砂囊
↓
硬化
↓
保膜
↓
砂囊保藏　　　　砂糖　　　　稳定剂
↓　　　　　　　↓　　　　　　↓
果粒　　　　　溶化混合　　　加热溶化
↓　　　　　　　└──────┴─────┐
其他配料 →　调和 ←─────────────┘
↓
罐装
↓
压盖
↓
贴标
↓
检验
↓
成品

2. 操作要点

（1）去皮：将原料清洗干净后，进行热烫去皮、去络、分瓣。常用热水热烫，但热烫均匀一致难以把握，蒸汽热烫容易把握一些。

（2）酸碱脱囊衣：先将橘瓣浸入 $0.4\%\sim0.8\%$ 的 HCl 溶液中，在常温下处理 $30\sim40$ 分钟，取出用清水漂干净，然后用流动水除尽残碱及残衣，待橘瓣背部囊衣基本脱落为止，最后用镊子将囊衣、橘种子除去。

（3）分粒：将去心衣后的橘瓣放入 0.02% 的 NaOH 液中，温度控制在 $90\sim95℃$，稍加搅拌，汁囊便分离了。而后立即在 20 目不锈钢筛网上流水漂洗，然后浸入 0.5% 柠檬酸液中。在分粒操作过程中应注意及时补充稀碱。

（4）硬化：分离出的果粒浸入 $0.3\%\sim0.5\%$ 的 $CaCl_2$ 液中硬化 10 分钟。

（5）杀菌：首先用白砂糖配制 12% 的糖浆，煮沸过滤。用柠檬酸调整 pH 至 $3\sim3.5$，加入果粒。按果粒：糖浆＝80：20 混合，添加 0.2% 的苯甲酸钠，在 $85\sim90℃$ 下灭菌 $20\sim30$ 分钟，趁热灌入杀过菌的食品塑料桶中，加盖密封，储存于冷库或阴凉处。若贮藏条件恶劣，可将苯甲酸钠量增至 2 克/千克，其他方法同前。也可以将果粒糖浆装于玻璃瓶中或马口铁罐中，经巴氏杀菌后贮藏备用。

（6）配方（仅供参考）：白砂糖 12%，果粒 $10\%\sim15\%$，柠檬酸 0.15%，琼脂 0.12%，苯甲酸钠 0.018%，乳化香精适量。

二、柑橘副产物的综合深加工

柑橘加工废料（果皮、肉渣、种子）约占果实重量的 50%，在这些废料中绝大多数营养成分，特别是蛋白质含量显著高于果汁。柑橘皮约占整个果重的 $25\%\sim40\%$，因此柑橘果皮的综合利用对提高柑橘加工厂的经济效益和减少污染、保护环境都是有利的。柑橘果皮主要由外果皮、中果皮、内果皮组成。外果皮占果重的 10%，富含香精油和色素。中果皮约占果重的 10%～30%，其中纤维素、果胶分别占整个中果皮（干重）的 40%和 20%。内果皮约占果重的 10%，主要由纤维素、木质素和果胶组成。因此，柑橘皮渣利用的主要途径之一就是围绕其所含成分的提取而展开。

（一）柑橘皮内含物的提取

柑橘的皮中除含有香精油、果胶、色素、橘皮苷等主要成分外，还含有大量对人体有益的维生素、胡萝卜素、蛋白质、糖类、多种微量元素。柑橘皮性温，味苦、辛，是一种很好的中药。药理试验证明，皮中所含的挥发油黄酮苷、柠碱等对消化系统有缓和的刺激作用，有利于肠胃积气的排除，并使胃液分泌增多而有助于消化，故有理气健脾和胃止呕去湿化痰等功效，所以柑橘皮具有很高的实用价值。柑橘皮可以用于提取果胶、香精油等工业用的材料，也可直接用于制作食品，如橘皮酱、橘皮软糖、橘皮丝等。

1. 提取香精油　柑橘香精油存在于柑橘的外果皮，约为果皮鲜重的 0.5%～2%，是制造橘子香精的主要原料，可以广泛用作食品着香剂，也可用于日用化工品中。香精油的提取方法有冷磨法、水中蒸馏法、冷榨法等。由于香精油具有热不稳定性，若经过 100℃以上的温度加热，则其中的有效成分就会被氧化或转化为其他物质，使香气变差。采用冷榨法制取的香精油品质较好，但出油率较低。冷磨法制取的冷磨油不经化学和热处理，以机械方法破坏油胞，用喷淋水把油冲洗出来，再通过离心分离而制得。因此香精油品质好、价值高。

（1）冷磨法工艺流程：柑橘全果→清洗→机械磨橘皮油→油水混合液过滤→高速离心→静置分层→减压过滤→柑橘香精油→除萜处理→食用柑橘香精。

冷磨法制取工艺操作要点：

①清洗。用流动清水将鲜果洗净，除去污物及树叶等。

②擦皮磨油。将洗净的果实送入滚筒式擦皮机内，通过机内旋转滚筒上的小钢刺擦破表皮油囊层，油隙体破裂，油从果皮中流出，然后喷雾装置将附着在橘皮上的油冲洗到油水混合贮槽中，并

循环冲洗。

③过滤。将油水混合物通过 80～100 目的过滤筛板，除去细微的皮渣和具有一定的黏稠度的糊状物。以减轻分离机的负荷。

④离心。采用 6 000～8 000 转/分钟高速离心机分离。混合液进入离心机的流量要保证稳定，流量过大，易出现浑浊，流量过小，则产量较低。

⑤静置、抽滤。分离出来的香精油往往带有少量水分和橘皮带来的蜡质等杂质，应将其放在约 8℃ 的冷库中静置 6 天左右，让杂质与水下沉，然后用虹吸管吸出上层澄清香精油，并通过滤纸与薄石棉纸滤层的布氏漏斗减压抽滤，所得的橘皮油为黄色油状液体，具有清甜的橘子香气，比水轻，不溶于水，能溶于 7～10 倍体积的乙醇中。

⑥除萜。用有机溶剂萃取，然后真空分馏除萜而得到脱萜柑橘香精油。

⑦包装。将澄清的橘皮油装入清洁、干燥的棕色瓶或陶瓷罐中，尽量装满，加盖密封，贮藏于冷库或阴凉处。

为降低储存和运输费用，还需对香精油浓缩。此外，浓缩的另一个目的是除去一定量不溶于水的萜烯烃类化合物。因为萜二烯（萜烯烃类的主要成分）对光和热不稳定，易被大气中的氧所氧化，产生具有异味的香芹酮等化合物，而导致香精质量下降。目前所用的浓缩方法主要有蒸馏法和溶剂法。

（2）冷榨法工艺流程：鲜果皮→浸石灰水→冲洗→喷淋压榨→沉淀→过滤→离心分离→冷榨柑橘油。

冷榨法制取工艺操作要点：

①料的选择。必须新鲜无霉烂，选出的鲜果皮置放于清洁、干燥通风处摊晾，以防霉烂。

②浸石灰水。将柑橘皮浸于 7%～8% 的石灰水中，上面加压筛板，不让果皮上浮，浸泡 10 小时以上，使果皮呈黄色、无白芯、脆而不断为宜。为使浸泡均匀，需翻动 2～3 次。

③漂洗。用流动水将果皮漂洗干净后捞起，沥干。

④压榨。将果皮均匀地送入螺旋式榨油机中，加压榨出香精油。操作时，要求排渣均匀畅通，皮渣要呈颗粒状，在加料的同时要打开喷口，喷射喷淋液，用量约与橘皮重量相等，做到喷液量、柑橘皮加料量和分离量三者达到平衡。喷淋液由清水 400～500 升，小苏打 1 千克和硫酸钠 2 千克配制而成，调节 pH 为 7～8。

⑤过滤。榨出的油水混合液经过滤机或布袋过滤，除去糊状残渣。

⑥分离。用离心机进行油水分离。

⑦静置与抽滤。离心分离出的香精油往往带有少量水分和蜡质等杂质，须在 5～10℃ 的冷库中静置 5～7 天，让杂质下沉，后用吸管吸出上层澄清油，并通过滤纸与薄石棉纸滤层的漏斗减压抽滤即可得到黄色油状液体香精油。

⑧包装。用干净、干燥的棕色玻璃瓶或陶罐等容器装填并加盖密封，最后用硬脂蜡密封，放于冷库或阴凉处，以防挥发损失和变质。

2. 提取果胶 果胶在食品工业中有广泛的用途，在生产果冻、果酱、软糖时用作胶凝剂；在制造蛋黄酱、冰激凌时用作乳化剂；在饮料生产上可作增稠剂、稳定剂。柑橘皮的白皮层中含有大量的果胶，因此从柑橘皮中提取果胶是很好的综合利用途径。

从柑橘皮中提取果胶的方法大致有 3 种：酸法、离子交换法和微生物法，目前在国内以酸法为主。

（1）工艺流程：

柑橘皮→浸泡→干燥→酸萃取→过滤→滤液浓缩→固化、干燥→粉碎、过筛→成品。
$$\downarrow$$
去渣

（2）操作要点：

①原料。新鲜的和干的柑橘皮都可用于提取果胶，新鲜的柑橘皮提取的果胶，其胶凝力较强。

②浸泡。酸萃取前，柑橘皮要先切成约 2 厘米见方的小块，并

用 50℃ 的温水浸泡至洗出液可溶性固形物在 1.5% 以下。

③干燥。用 80～90℃ 的热风将柑橘皮烘干至含水量 20%～25%，然后在 65%～70% 下继续干燥至含水量 8%～10%。

④酸萃取。酸法萃取可用的酸有酒石酸、苹果酸、乳酸、乙酸、磷酸、硫酸、亚硫酸、硝酸、盐酸。但常用的是盐酸和亚硫酸。亚硫酸具有漂白作用，所制得的果胶较白，但挥发出的二氧化硫气体对人体有刺激作用，因此使用盐酸较合适。

将水加热至 80～90℃，并用稀盐酸调 pH 至 1.5～2，即为盐酸萃取液。经脱水后的柑橘皮浸于萃取液中，时间为 30～60 分钟。不断搅拌，可进行多次萃取，以提高果胶得率。用滤网或纱布等过滤除去未溶解的残渣，并在滤液中加入 0.5% 硅藻土等助滤剂，再过滤一次，即可得到含有果胶的澄清液。用真空浓缩机将澄清液浓缩到 4% 左右的浓度。

⑤沉淀、干燥。将浓缩果胶液冷却到常温，边搅拌边加入 45%～50% 的酒精，生成酒精—果胶沉淀混合物。压滤并打散滤饼，再用 95% 的酒精脱水再压滤并打散滤饼，将湿果胶铺成薄层在 70% 以下干燥到水分为 10% 以下，最后再用真空干燥机进一步干燥。干燥后的果胶碾磨过筛（孔径 0.30 毫米，60 目）即为固体果胶成品。

⑥标准化。工业生产当中往往将果胶粉胶凝力与计算和经验相结合，加入白砂糖粉，使果胶的胶凝性在出厂前统一，便于食品工厂投料及人为改善果胶的色泽。

3. 橙皮苷的提取工艺 橙皮苷属双氢黄酮类药物，是一种浅黄色结晶粉末，几乎无嗅无味，具有抗氧化、抗癌、防止心血管疾病等多种功能。

（1）工艺流程：

①粗制橙皮苷的提取工艺流程：柑橘皮→粉碎→水浸泡→滤干→碱浸泡→压滤→滤液→酸析→过滤→干燥→粗制橙皮苷。

②精制橙皮苷的提取工艺流程：粗制橙皮苷→溶解→过滤→重结晶→干燥→成品。

（2）操作要点：

①粉碎。粉碎细度大约为 5 毫米。

②水浸泡。用水浸泡约 30 分钟，使之松软，然后排水。

③碱浸泡。浸泡在 pH12～13 的 NaOH 溶液中 6～8 小时。

④压滤。压滤后排滤渣，滤渣作饲料，并收集滤液。

⑤酸析。用 HCl 调节滤液 pH 至 4～5，搅拌后静置 10 小时，待白色或黄色颗粒析出。

⑥干燥。收集固体，70℃干燥，得粗制橙皮苷。

⑦粗品溶解。粗品用 80℃的热水重新溶解，过滤，滤液再用 HCl 溶液调 pH=5，冷却，静置 4 小时，使其重结晶，收集沉淀物。

⑧洗涤、干燥。用水洗涤至中性，在低温 70℃干燥得精制橙皮苷。产率为 0.3%～0.4%，产品外观为淡黄色结晶粉末。

（二）直接用柑橘皮加工食用及饲料

1. 加工橘皮酱、橘皮软糖　用柑橘皮加工橘皮酱、橘皮软糖的工艺流程：

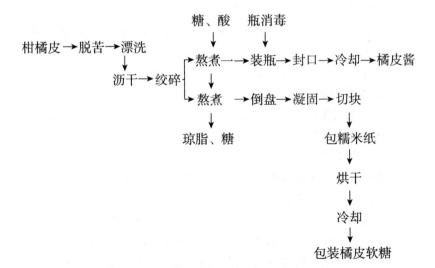

（1）原料：将新鲜的柑橘皮（或干柑橘皮）剪去蒂头，并剔除发霉、有烂疤的皮。

（2）脱苦、漂洗：将选出的柑橘皮放于 10％的盐水中煮沸两次，每次 30～40 分钟，以除去皮的苦味。再用清水漂洗 10 小时左右，漂洗期间每隔 2 小时换水一次。

（3）沥干、绞碎：漂洗后取出柑橘皮，沥干或榨去部分水分，再用孔径 2～3 毫米的绞肉机，反复绞 2～3 次。

（4）橘皮酱的熬煮、装瓶与冷却：将绞碎的芦柑皮放于夹层锅中文火煮 20～25 分钟，使皮软化并去除部分水，按 100 千克的皮酱加白糖 50～60 千克的比例分两次加糖，并加入适量的柠檬酸调 pH 为 3 左右，继续用小火熬煮到可溶性固形物达 66％～67％，即可出锅装瓶。一般是使用四旋瓶，瓶盖使用前要先经清洗、消毒。装瓶后立即封口，倒瓶放置 2～3 分钟，分段冷却。

（5）软糖的熬煮、凝固与包装：按皮酱 30 千克、白糖 50 千克、液糖 10 千克、琼脂 1.3 千克、柠檬酸 0.8 千克、柠檬酸钠 0.3 千克的比例，先将橘皮酱加入夹层锅中文火煮沸约 20 分钟，再加入其他配料，琼脂要先用水浸泡 8～10 小时，并加热溶化后加入，继续熬煮，充分搅拌。熬煮到温度达 106℃，出锅并冷却到 100℃以下，这时可适量加入香精，将酱体趁热注于不锈钢盘中，厚度约 15 厘米，用刮板刮平，静置冷凝成形，切成小块，包糯米纸，并在 50℃的温度下干燥 18～24 小时，取出冷却后即可包装。

2. 橘皮脯加工

（1）工艺流程：橘皮→切条→浸泡→漂洗→预煮→多次糖煮→沥干→烘干→成品。

（2）操作要点：

①选料。选无腐烂变质的橘皮，用清水洗净，去蒂（干皮则需用清水浸泡 2～3 小时）。

②切条。将橘皮切成长 5 厘米、宽 0.5 厘米的皮条。

③浸泡。将切好的橘皮条用 1％的石灰水浸泡 1～2 天脱苦。

④漂洗。脱苦后用清水反复漂洗，除去石灰残余的涩味。

⑤预煮。将经上述处理的橘皮条放入沸水中煮数分钟，以煮透为度。

⑥糖煮。加白砂糖进行糖煮，每次糖煮 5 分钟后浸渍 24 小时。第一次糖煮，糖液浓度为 45％，以后每次糖煮时，将糖液浓度提高 10％～15％，直到糖液浓度达到 75％时为止。

⑦沥干。将最后一次糖煮的橘皮条捞出．沥干糖液。

⑧烘干。放入烘箱或烘房烘烤，烘烤温度为 60～70℃，烘至 7～8 成干取出，冷却后即为成品。

（3）产品质量：橘皮脯色泽金黄，半透明状，质地较软，老幼皆宜。

（三）生产各种橘渣饲料添加剂

柑橘皮渣营养成分丰富，含有多种动物所需的营养物质如碳水化合物、脂肪、维生素等，其所含的营养成分与玉米、稻谷的所含营养成分比较如表 11-1。

表 11-1　柑橘皮渣、玉米、稻谷的营养成分对照

营养成分	柑橘皮渣	玉米	稻谷
干物质（％）	92.23	88.00	87.00
粗蛋白（％）	6.25	8.50	6.80
粗脂肪（％）	4.40	4.30	2.50
粗纤维（％）	16.27	1.60	8.20
无氮浸出物（％）	61.51	72.20	56.60
灰分（％）	3.80	1.70	4.50
奶牛能量单位	2.48	2.87	2.19
消化能（牛）（兆焦/千克）	14.13	13.59	12.33
代谢能（牛）（兆焦/千克）	11.62	11.04	10.03
钙（％）	0.34	0.02	0.01
磷（％）	0.25	0.21	0.27
铁（毫克/千克）	2048.00	160.00	150.00
锌（毫克/千克）	1171.00	187.00	172.00
维生素 B_1（毫克/千克）	20.00	3.40	5.10
维生素 B_2（毫克/千克）	3.60	1.00	0.80

（续）

营养成分	柑橘皮渣	玉米	稻谷
维生素 B_6（毫克/千克）	1.90	22.00	18.00
维生素 E（毫克/千克）	50.30	13.00	0.70
维生素 C（毫克/千克）	288.00	0	0
氨基酸（%）	3.81	4.10	3.20

1. 干柑橘渣饲料

（1）工艺流程：

鲜柑橘渣→旋转式瞬时干燥机烘干→烘箱 60～70℃烘干→粉碎→称重打包。

（2）优缺点：此法处理简单，快速，成品易贮藏、运输，但能源成本较高，若能因地制宜，利用废热烘干，则不失为一种好的处理方法。

2. 橘皮粉饲料

（1）工艺流程：

鲜柑橘渣→选出橘皮→60～70℃烘干→粉碎→称重包装。

（2）优缺点：此法处理应以薄果皮品种或通过精制的果皮为主，其制作方法的优缺点与干柑橘渣类似。

3. 青贮柑橘渣

（1）工艺流程：

鲜柑橘渣→装填→水泥窖、缸→分层压实→加塑料膜覆盖→用泥土密封

放置 35～60 天→塑料袋→压紧→扎紧口→放置 35～60 天。

（2）优缺点：此法能快速、经济、大量处理鲜柑橘渣，原样保存好。此外，可根据需要进行混贮。柑橘渣青贮是最简捷有效的低成本、高质量的保藏办法，值得深入研究，大力推广。

4. 生产复合肥

工艺流程：果皮渣→压榨→加其他物质→搅拌均匀→干燥→粉

碎→检验→包装→成品。

（四）柑橘幼果及柑橘籽加工利用

（1）利用柑橘落果，修剪果为原料生产 Smp-A、Smp-B、Smp-8、Smp-12 系列药用产品，用柑橘籽生产 Smp-10。

（2）利用柑橘渣加工黄酮：

工艺流程：

试剂配制

榨汁后的果渣或提取果胶后的渣→粉碎→前处理→提取→结晶→分离→干燥→粉碎→待检→混批→检验→包装→产品。

第十二章

柑橘营销

柑橘是泸溪农业支柱产业之一，也是泸溪的传统产业，如何使柑橘产品丰产、丰收又优质，技术含量是根本，如何使柑橘的产品卖得又快又好、卖出好价钱，营销是必不可少的手段。

一、设立窗口

为了使泸溪柑橘广拓市场，深入人心，抢占消费者的舌尖，泸溪县柑橘营销大户，常年在华北地区（赤峰市、石家庄市、郑州市、定州市），东北地区（哈尔滨市、沈阳市、长春市、齐齐哈尔市、丹东市），西北地区（西安市、宝鸡市、兰州市），西南地区（贵阳市、六盘水市、毕节市、昆明市）等，全国 16 个省会城市、66 个市地县级城市布点，5 个口岸城市、设立直销窗口，稳定老顾客，扩大泸溪柑橘的影响力。

泸溪县柑橘专业公司、专业合作社、营销大户，每年都会选拔一批有一定经济实力，营销经验丰富，热心从事柑橘销售工作能人，分别入驻各个市场驻点销售，一个市场一个窗口，用过硬的品质接受消费者检验，在省以上城市租赁柑橘仓库，在包装箱筐上印制"泸溪"产地字样及泸溪柑橘品种标识，每个直销点悬挂"湖南泸溪柑橘市场直销点"的横幅。提升泸溪柑橘在消费市场的知名度。

二、硬件投入

加强技术培训，规范柑橘的采后标准化规程，每年 11 月上旬举办柑橘采摘、保鲜、分级、包装、贮藏等采后商品化处理大型培训班，严格柑橘采后商品化程序，做到绿色环保无毒无添加剂。为顺应市场鲜果销售，泸溪陆续兴建选果场 20 个，配套 20 余条柑橘保鲜、打蜡、灭菌、分级生产线，包装箱生产线 2 家，新建保鲜贮藏库 500 余栋，错开成熟高峰，有效延长鲜果销售时限。

推进柑橘精深加工，促使产品增值，成功申报省、州级柑橘龙头企业 6 家，兴建了年交易量 20 万吨的白沙优质水果批发市场，兴建了容量达 3 000 吨的柑橘气调库，县里扶持投入资金在柑橘重点产区 6 个乡镇，兴建粒粒橙加工项目 8 家，开发了 1 条柑橘粒粒橙和橙皮苷生产线。

招商引资，新建以柑橘落地果、修剪果、橘核、橘皮、橘渣为原料，加工成为果胶、橘油、砂囊、浓缩果汁、饲料、肥料等生产线，逐步实现柑橘成品增加附加值。

三、创办灵活多样的柑橘节

借助媒体推介，构建市场网点，"立足国内市场，开拓国外市场，打入大中城市超市"，多次在中央电视台、省内外电视、报刊等新闻媒体宣传推介泸溪柑橘。自 2005 年以来举办多届以泸溪柑橘销售为主题的椪柑节，以"中国湘西·泸溪"椪柑节、武溪镇、潭溪镇椪柑采摘节、泸溪椪柑营销推进会、椪柑旅游文化节等，以节促销，筑巢引凤。利用节间的超大人气与物流，举行柑橘品评会和恳谈会，引进参会客商和农户多达 30 万余人次，年签约量达到 5 万吨以上。中央电视台《大集大利》《生财有道》等栏目组，多次深入泸溪柑橘基地采集泸溪柑橘的资料与橘农所想所盼，以及泸溪柑橘致富的励志人物与故事，使泸溪柑橘，泸溪椪柑品种在北京、上海、哈尔滨等城市享有很高的声誉。

四、电子商务显威力　实体经济双发力

构建线上线下营销平台，随着科技的日新月异，水果产品日益

丰富，消费水平的不断提升，消费质量的不断严苛，果品促销是永恒的课题。如何做好产品营销，做足市场的系列文章越来越重要，策划好营销平台，让电子商务在柑橘营销中发挥应有的作用，抓住年轻一辈网上一族的消费，是与时俱进的要求，泸溪实体销售是留住线下老顾客、留住市场的必需。柑橘销售期间，常年建立柑橘营销绿色通道，为客商协调收购场地、储存仓库、运输车辆和包装纸箱，编制印发《柑橘营销手册》，落实柑橘营销联络员，成立服务小分队，定时为果农和客商通报市场信息、天气变化。对龙头公司和营销大户外出闯市场给予销售资金扶持，对外来车辆销售柑橘实行"不收费、不罚款、不扣车、不卸载"的"四不"政策，做营销平台、发布网络营销信息、在互联网上建立泸溪柑橘销售网页。政府牵头，橘农自由组合，多次组团到北京、上海、沈阳、武汉、郑州等大中城市开展"泸溪柑橘中华行""百名大户创市场"等行动。通过举办形式多样，地点多变，"柑橘节""椪柑节""采摘节""推进会""椪柑旅游文化节""签约洽谈会"等形式，泸溪柑橘成功销往国内十几个省大中城市和北京、上海超市，并出口到俄罗斯和东南亚、哈萨克斯坦，泸溪柑橘成长为享誉国内外的知名农产品。

五、守住"绿色"初心　确保产业实效

市场营销，严格地说，是"市场竞争"，竞的是性价比，争的是产品质量，消费者的认可是核心，消费者买单是杠杆，泸溪柑橘营销走出了一条"政府引导，农民主导""公司＋橘园＋市场＋""合作社＋橘农＋市场＋"的模式，充分发挥柑橘龙头企业专业公司、合作社、柑橘种植大户的带头作用，柑橘园人人是业主，橘农个个是股东，利益共享，风险共担，引领和引导群众，营销从柑橘园生产源头要质量，以柑橘品质为抓手，牢牢握紧精细管理、标准化生产，绿色环保原生态的拳头产品，夯实基础，不放松。加大柑橘贮藏库建设，做好保鲜、分级、包装大文章，确保产品质量过硬，消费者喜欢，供给市场周期长。采取

"请进来、走出去""走出去、请进来"的双向选择路径，拓宽营销渠道，唱响"泸溪柑橘"品牌。加大对柑橘精深加工和出口的扶持，做大做强做优柑橘产业，推进泸溪柑橘产业全面升级，促进泸溪柑橘在脱贫致富，奔向小康的新农村建设中、乡村振兴战略中，发挥更大的潜力。

主要参考文献

Peferences

福建省漳州市农业学校，1990. 果树栽培学各论：南方本［M］. 北京：农业出版社.

华南农业大学，1989. 果树栽培学各论：南方本［M］. 2 版. 北京：农业出版社.

黄邦侃，高月霞，1985. 果树病虫害防治图册［M］. 福州：福建科学技术出版社.

李三玉，等，1990. 当代柑橘［M］. 成都：四川科学技术出版社.

龙翰飞，李彩屏，1987. 柑橘贮鲜原理与技术［M］. 长沙：湖南科学技术出版社.

彭镜波，等，2001. 果树栽培学各论［M］. 北京：中国农业出版社.

邱强，2004. 中国果树病虫原色图鉴［M］. 郑州：河南科学技术出版社.

沈兆敏，罗胜利，2007. 椪柑优良品种及无公害栽培技术［M］. 北京：中国农业出版社.

沈兆敏，等，2001. 柑橘整形修剪和保果技术［M］. 北京：金盾出版社.

吴涛，2004. 中国柑橘实用技术文献精编［J］. 中国南方果树杂志社.

郗荣庭，2000. 果树栽培学总论［M］. 3 版. 北京：中国农业出版社.

徐志宏，李红牛，等，1998. 柑橘病虫草防治彩色图说［M］. 北京：中国农业出版社.

杨胜陶，向德明，1993. 椪柑丰产栽培技术［M］. 长沙：湖南科学技术出版社.

后 记

Postscript

  产业富民是泸溪县委县政府发展泸溪农业经济的理念与决策，泸溪柑橘是泸溪县农业"八大支柱产业"之首。面对市场挑战，为了使泸溪柑橘这一拳头产业，为实现乡村振兴、农民脱贫致富奔小康发挥更大效益，编著团队立足现代农业，编撰了这本符合产业发展需要的《泸溪柑橘》，从泸溪柑橘栽培历史、栽培技术、管理手段、储藏加工、市场营销等方面，系统地做了归纳总结，为推进泸溪柑橘生产过程的专业化、标准化和集约化、现代化提供了科技支撑。

  在本书编写过程中，得到了湖南省人大常委会副主任、湘西土家族苗族自治州委书记叶红专，湘西土家族苗族自治州委副书记、州长龙晓华，湖南省农业农村厅副厅长唐建初、兰定国，原湖南省农业委员会副主任黄其萍，湘西土家族苗族自治州委常委、组织部部长、统战部部长龚明汉，湘西土家族苗族自治州委常委杨彦芳，湘西土家族苗族自治州人民政府秘书长包太洋等省、州各位领导的鼓励和指导，全体编撰人员在此表示诚挚的敬意和衷心的感谢。

  湘西土家族苗族自治州人大常委会副主任、泸溪县委书记杜晓勇，泸溪县委副书记、县长向恒林，湘西土家族苗族自治州政协秘书长罗亚阳，泸溪县委副书记向汝莲，泸溪县人大常委会主任符鸿雁，县政协主席胡成平，县委原常委、常务副县长梁君，县委常委、常务副县长石利民，县委常委、县委组织部部长吕永辉，县委常委、县委办主任石喜文，县委常委、宣传部部长向梦华，县委常委、统战部部长章华，县委常委、政法委书记尚远道，副县长向湖南、邓建军等州、县各级领导对编撰工作给予了关心和支持，在此表示由衷的感谢。

湖南省农业科学院科技情报研究所研究员丁超英，湖南农业大学教授邓子牛、湖南省农业科学院园艺研究所研究员杨水芝，原湘西土家族苗族自治州农业学校高级教师姚利等专家学者提供了许多建议和参考书目，在此一一致谢。

湘西土家族苗族自治州农业农村局局长田科虎、副局长罗楚长、乡村产业发展科科长严华、人事科科长魏宏宇、发展计划科科长卢建华，州科技局副局长蔡小虎，州农业科学院书记宋先杰，泸溪县扶贫开发办主任李新华，泸溪县委农村办主任、农业农村局局长唐保山，县委农村办副主任姚茂泉，县农业农村局副局长吴三林、田茂林、满益群、纪检组长刘卫国、四级调研员谭永武等州、县农业与科技部门领导对本书编写工作给予了关注与重视，在此深表感谢。

在本书整理资料收集图片过程中，泸溪县委办常务副主任黄海龙、县委督查室原副主任黄院平、县委宣传部常务副部长王慧、副部长向晓玲、县政府办主任印有方、原主任陈永辉，县商务局局长彭顺田，原任职过县农业战线的领导周江南、向海洋、刘毅华、杨忠利，原县地方税务局局长赵华锋，县政协原副主席侯自佳、四级调研员梅光明和杜远彩，潭溪镇党委书记彭晓云，县传媒中心副主任唐正海，县农业农村战线相关专业全燕玲、覃今冬、董湘田、石清水、张克宁、龚义春、李海鸥、符浩、谢申旺等领导专家提供了有关素材和图片，在此一并致谢。

编　者

2020 年 12 月

图书在版编目（CIP）数据

泸溪柑橘／杨晓凤主编．—北京：中国农业出版社，2021.1
ISBN 978-7-109-27765-6

Ⅰ．①泸…　Ⅱ．①杨…　Ⅲ．①柑桔类－果树园艺
Ⅳ．①S666

中国版本图书馆CIP数据核字（2021）第011019号

泸溪柑橘
LUXI GANJU

中国农业出版社出版
地址：北京市朝阳区麦子店街18号楼
邮编：100125
责任编辑：王琦瑢　张凌云
版式设计：杜　然　责任校对：吴丽婷
印刷：中农印务有限公司
版次：2021年1月第1版
印次：2021年1月北京第1次印刷
发行：新华书店北京发行所
开本：880mm×1230mm　1/32
印张：7　插页：8
字数：210千字
定价：48.00元

版权所有·侵权必究
凡购买本社图书，如有印装质量问题，我社负责调换。
服务电话：010－59195115　010－59194918